LIVRE DE RAISON

de

NICOLAS VAN PRADELLES

(1564-1637)

Édité par

M. IGNACE de COUSSEMAKER

Membre de la Commission historique du Nord

LILLE

IMPRIMERIE LEFEBVRE-DUCROCQ

rue de Tournai, 88

1886

LIVRE DE RAISON

de

NICOLAS VAN PRADELLES

(1564-1637)

À M. Leopold Delisle
Inspecteur Limoges

Tiré à cinquante exemplaires.

Nº 24

Sg. de Jaussanchey

LIVRE DE RAISON

de

Nicolas VAN PRADELLES

(1564-1637)

Édité par

M. IGNACE de COUSSEMAKER

Membre de la Commission historique du Nord.

LILLE

IMPRIMERIE LEFEBVRE-DUCROCQ

rue de Tournai, 88

1886

PRÉFACE

Initier le public à la connaissance d'une foule de détails aussi charmants qu'instructifs sur la vie intime de nos aïeux au XVIe siècle, tel est notre but en lui offrant ce petit volume dont l'original fait partie de nos archives particulières.

Le petit opuscule, que nous publions avec traduction et texte en regard, est un de ces *livres de raison*, un de ces précieux carnets sur lesquels, suivant une vieille et louable coutume de notre cher pays de Flandre, le chef de toute noble famille inscrivait les principaux évènements qui venaient, tour à tour, attrister ou réjouir le foyer domestique. Nous le dédions aux gourmets littéraires, à ces amis passionnés de l'antiquité « vetustatis amantes » comme dit un vieil auteur.

Nous nous garderons bien de relever ici les détails curieux qu'offre la lecture de ce petit carnet commencé par Nicolas van Pradelles, époux de Marie Walis, né à Hazebrouck, le 26 Novembre 1537, y décédé le

18 Mars 1607, et achevé par sa famille. Nous le donnons tel qu'il est écrit, avec cette naïveté, avec cette franchise qui en fait le charme, puisqu'il était destiné à ne jamais dépasser le seuil paternel.

Encore un mot avant de terminer la préface déjà trop longue, peut-être, d'un si minime opuscule. Dans notre tache ingrate de traducteur, nous avons visé moins à l'élégance qu'à la fidélité la plus scrupuleuse. Pour mieux apprécier et notre Flandre et la famille de l'auteur, nous avons crû devoir accompagner de quelques notes, sans prétention aucune, la traduction que nous donnons de ce petit livre de Nicolas van Pradelles, parfois même, pour suppléer au laconisme du texte, nous avons dû le compléter en intercalant certains mots entre parenthèses. Enfin, pour fournir une idée plus complète, nous avons, au moyen de fac-simile, reproduit l'écriture de notre manuscrit.

En terminant, nous dirons avec le poète : « acceptez, cher lecteur, ce modeste travail, et par vos connaissances plus étendues, daignez suppléer à notre insuffisance. »

« Si quis meliora,
« Candidus imperti, vel partis utere mecum. »

Ignace de COUSSEMAKER

Bailleul (Nord) Juillet 1886.

Up den xvii^{en} Septembre XV^cLXIIII^{tich} Colaerdt van Pradeels, fil^s Colaerdts, dede ondertrauwe met Marie Walis, f^a Roberts, van de prochie van Eecke.

Ende den xxiii Octobre in t'selve jaer was bruloft ghehouden te Hazebrouck ten huuse van de wed^e m^r Pieter de Deckere, myne suster.

De voors^e Marie es dese werelt overleden den xxxi^{en} Octobris 1597, oudt LII jaeren te Ste Mathys daghe eerstcomende.

Wy waeren t'samen ghehuwet xxxiii jaeren en achte daghen.

Le 17 Septembre 1564, Nicolas Van Pradeels, fils de Nicolas, épousa Marie Walis, fille de Robert, de la paroisse d'Eecke.

Et le 24 Octobre de la même année, les noces furent célébrées à Hazebrouck, dans la maison de ma sœur, veuve de maître Pierre de Deckere.

La dite Marie Walis a quitté ce monde le 31 Octobre 1597; elle allait compter 52 ans à la prochaine fête de St-Mathias (24 Février).

Nous fûmes unis par le mariage pendant 33 ans et huit jours.

Up den xii^{en} Octob^{er} LXV^{tich} was ons eerste
kynt geheboren tusschen vii ende viii hueren
voor noene. De mane vas in Geminy, de sonne
in Libra. De peter was m^r Pieter Daudrehem,
myn cousyn, in de name van damp Jehan
van Pradeels, mynen oom, abt van Haems, de
welcke gaf eenen Inghelschen Henricus souve-
rain van vi^l·xii^{sch}, ende een stick van zeven
stuvers, metgaders eenen Carolus gulden voor
de jonckyfven. De metere was Cathelyne
Lammoots, myn schoonmoeder, die gaf een
selveren copken ende eenen dicken Daeldere
metgaders een stick van viii^t; ende was
ghenaemt Jane. Wesende een kynt van seven
maenden, storf den xxii^{en} der selver maent.

Le 12 Octobre 15(65), entre 7 et 8 heures du matin, est née Jeanne, notre premier enfant. La lune était aux Gémeaux, le soleil à la Balance. Mon cousin, maître Pierre Daudrehem fut parrain au nom de mon oncle, dom Jean Van Pradeels, abbé de Ham; il donna un Souverain anglais à l'effigie du roi Henri, de 6 livres 12 escalins, plus une pièce de 7 patards, auxquels il ajouta un Carolus d'or pour la jeune mère. La marraine fut Catherine Lammoots, ma belle-mère; elle donna une coupe en argent, un double Daeldere, plus une pièce de huit livres.

Notre fille fut nommée Jeanne; mais comme c'était un enfant né à sept mois, elle ne vécut que 10 jours.

Up den xxiii^{en} van Sporcle XV^cLXVI, wesende Ste Mathys dach, was ons tweede kynt gheboren. De mane was in Libra, mits naer middelnacht was. De peter was Robert Walis, myn schoonvader, die gaf een Leauwe, eenen Guillelmus ende eenen Teston, ende de metere was Willemyne, myn suster, de wed^e m^r Pieter de Deckere, die gaf een gouden Crone, ende was ghenaemt Robert, die was kersten ghedaen den xxv^{en} der selver maent. Wesende naer drie daghen sieck, storf den xi^{en} van Meye daer naer.

Ghehuwet a^o 95 met Jane de Deckere van Ste Mariacappel.

Den iii^{en} Hoymaent LXVIII, up eenen sater-dach, was ghebooren Cornelis, ons derde kynt, te Harynghe, ten huuse van eenen Jacob de Coockere, landtzman, comende

2^e

ROBE

3^e

CORNE

Le 24 Février 1566, jour de St Mathias, est
né notre deuxième enfant. La lune était à la
Balance, à l'heure de minuit. Robert Walis,
mon beau-père, fut parrain, et donna un Lion,
un Guillaume, plus un Teston. Guillemine,
ma sœur, veuve de maître Pierre de Deckere,
fut marraine, et donna une Couronne d'or. Il
fut baptisé le 25 du même mois, sous le nom
de Robert. Après une maladie qui ne dura
que trois jours, Guillemine mourut le 11 Mai
suivant.

[Robert] épousa en (15)95 Jeanne de Deckere
de Ste-Marie-Cappel.

Le 3 Juillet (15)68 qui était un samedi, est né,
à Haringhe, dans la demeure d'un certain
Jacques de Coockere, laboureur, Cornil notre
troisième enfant.

Met mynne huusvrauwe van S⁰ᵉ Cornelis in pilgrinaige ontrent den vjᵉ hueren naer noene. Peter was Guillame de Poirs, fˢ Guillames, van Watou, die gaf ɪɪɪ *L. p.*; ende de metere Cornelie, t'wyf Pieter Spetebroot, uuter name van Magriete Yetswerts, die gaf eenen selveren lepel, ende voor de selve Cornelie xɪ *L. p.* De mane was in Scorpius in't wassen, de sone in Cancer. De moeder van selven kynde was te Haseb. ghebrocht den xɪɪɪᵉⁿ July LXVIII, ende den xɪɪɪɪᵉⁿ July creech de cortsen, die zoe hadde xxɪɪɪɪ hueren sonder wecht te gane, die oock langhe was in dangere van doot.

Den xv July LXVIII, t'selve kynt was besteet ten huuse van Mah. Strynck voor by jaere xʟɪɪ *L.*, die maer en sooch tot Haseb. feeste 69, mits syne woester-moeder dicke was met kynde.

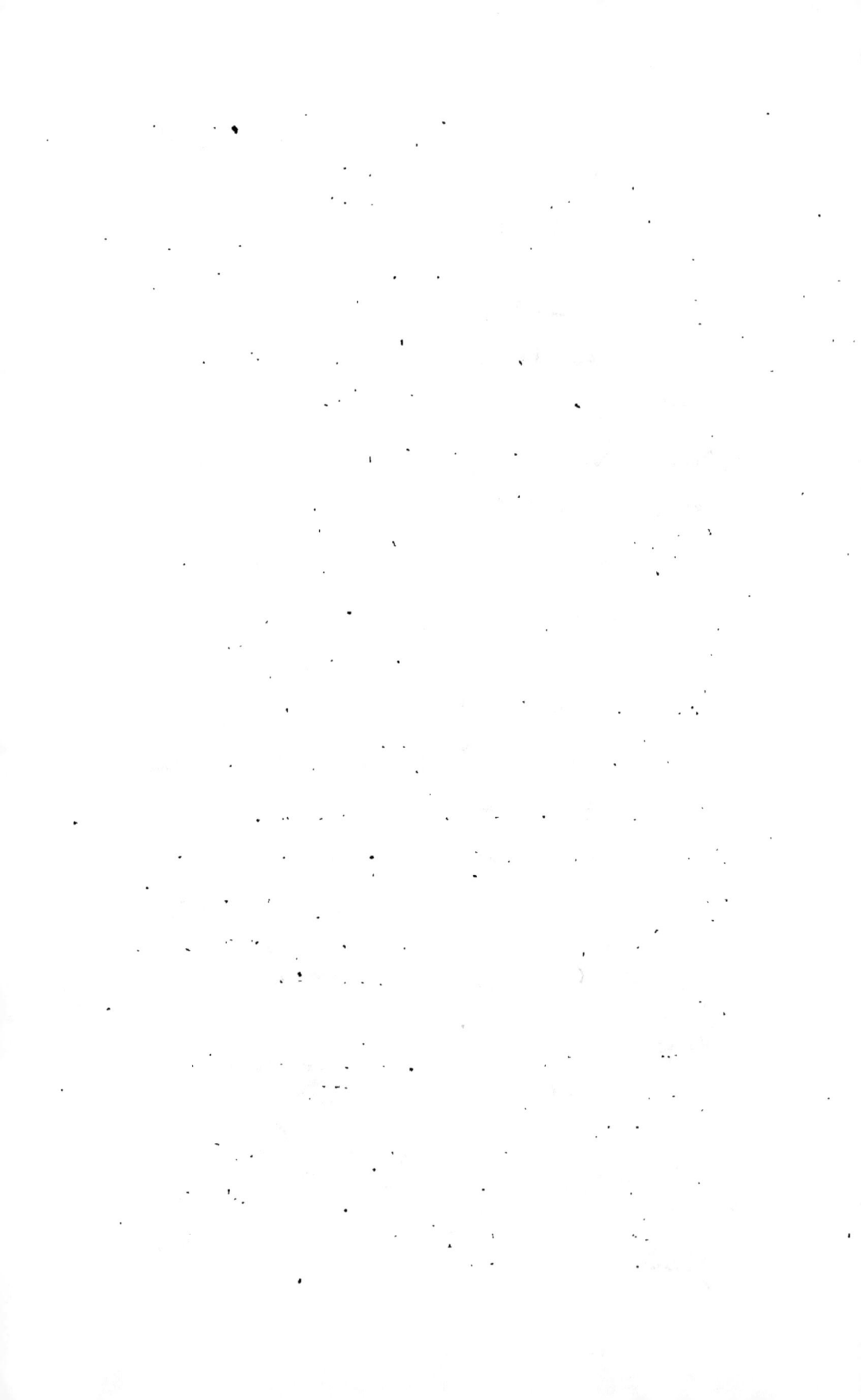

Je revenais avec ma femme d'un pèleri-
nage à St Cornil ; il était environ 6 heures après
midi. Guillaume de Poirs, fils de Guillaume,
de Watou, fut parrain et donna 3 *L. p.* Cornélie,
épouse de Pierre Spetebroot, fut marraine au
nom de Marguerite Yetswerts ; elle donna une
cuillière en argent, plus 40 *L. p.* au nom de la
même Cornélie. La lune en son plein était au
Scorpion, le soleil au Cancer. La mère de
l'enfant fut transportée à Hazebrouck le 13
Juillet (15)68, et le 14 Juillet elle eut une fièvre
qui dura vingt-quatre heures sans discontinuer,
et la mit longtemps en danger de mort.

Le 15 Juillet (15)68, cet enfant fut mis en
nourrice chez Mathieu Strynck à raison de
42 *L. p.* par an. Il ne prit le sein que jusqu'à
la fête d'Hazebrouck (15)69 (15 Août), sa
nourrice étant devenue enceinte.

Magriete Yetswerts gaf hem op den Haseb. feeste 69 een yvoren chyfflet met selver up beede de henden, en met een selveren ketken.

De welcke hem ooc ghegheven heeft naer myn doot een selveren scelpe.

Up den xix^{en} September XV^cLXX, up eenen disendach, was gheboren ons vierde kynt, MARGRIE ghenaemt Margriete, snuchtens tusschen den tween en drien. De mane was in Geminy. De peter was Deryck van Pradeels, myn broeder, die gaf een gouden Leauwe en een stick van iiii *L. p.*, de metere was Gillote Ruckebusch, huusw^e van Frans Lammoot, die gaf een Cruisdaeldere. Welck kynt heef voor Gillote, Catherine, de dochtere van m^r Pieter de Deckere, mits Gillote sieck bedeech up den weck. De welcke huwede met Frans Colpaert den vii^{en} February 89 ende gelach van eenen zone den xxi^{en} November 89 tusschen tween en drien hueren op eenen disendach, de mane was in Taurus ende de sonne in Sagittaris, die overleet den 2^{en} Januarii 93, ghenaemt Colaert.

A la même fête en (15)69, Marguerite Yetzweerts lui donna un sifflet en ivoire, garni d'argent aux extrémités, ainsi qu'une petite chaîne en argent.

Elle lui offrit aussi, pour en jouir après ma mort, une écaille en argent.

Le 19 Septembre (15)70, qui était un mardi, entre 2 et 3 heures du matin, est né notre quatrième enfant qui fut appelé Marguerite. La lune était aux Gémeaux. Le parrain, Thierry van Pradeels, mon frère, donna un Lion d'or et une pièce de 4 L. p. La marraine Gillote Ruckebusch, épouse de François Lammoot, donna un Cruisdaldere. Gillote s'étant trouvée indisposée chemin faisant, ce fut Catherine, fille de maître Pierre de Deckere, qui porta l'enfant. Le 7 Février (15)89, notre Marguerite épousa François Colpaert, et le mardi 21 Novembre (15)89, entre 2 et 3 heures du matin, elle accoucha d'un garçon. La lune était au Taureau, le soleil au Sagittaire. Cet enfant nommé Nicolas, mourut le 2 Janvier (15)93.

Up den VIII Januarii LXXII, up eenen donder-   5
dach, was ghebooren ons vyfste kynt ghenaemt JACQUEM
Jacquemyne, snavens ontrent den seven hueren.
De mane was in Pisces. De peter was Jacob
Walis, myn wyfs broeder, die gaf een selveren
schale ofte coppe-tasse, de metere was Catherine, myn suster, die gaf eenen Philips Gulden
ende XXXII$^{sch.}$ in selver, synde eenen halven
Daeldere.

Ghehuwet met Pieter van Stracele den
24^{en} Mey 1594.

Up den VIII^{en} van Ougst LXXV was gheboo-   6
ren ons seste kynt, snavens tusschen neghen   JOSSIN
ende thien hueren. De mane was in Virgo.
Peter was Joos, mynnen broeder, die gaf een
Vransche Crone wert IIII^{t} XII$^{sch.}$.

Le 8 Janvier (15)72, qui était un jeudi, est né   5
vers les 7 heures du soir, notre cinquième JACQUEMIN
enfant qui fut appelé Jacquemyne. La lune
était aux Poissons. Jacob Walis, frère de ma
femme, fut parrain et donna une écaille en
argent ou coupe à boire, Catherine, ma sœur,
fut marraine et donna un Philippe d'or, plus
32 escalins d'argent représentant la moitié
d'un Daeldere.

Elle (Jacquemyne) épousa le 24 Mai 1594,
Pierre van Strazeele.

Le 8 Août (15)75, entre 9 et 10 heures dù   6
soir, est né notre sixième enfant. La lune était JOSÉPHINE
à la Vierge. Joseph, mon frère, fut parrain et
donna une Couronne de France de la valeur
de 4 livres 12 escalins.

De metere was joncv.^e Herrynne Winneels, huusv^e van Loys mynen broeder, die gaf eenen Angelot vii^Lviii^{sch.}, en eenen dobbelen Stuver. Het welcke bedeech sieck den xix^{en} Ougst vorseyt, en storf den xxiii, t'welck was een kynt van vii maenden.

Up den xvii^{en} July LXXVIII, up eenen donderdach, was ghebooren Frans, ons sevenste kynt, tusschen den v ende vi naer noene, wesende donderdach. De mane was in Capricorne, de sonne in Leo. De peter was Frans, mynnen broeder, die gaf eenen Impériael wert synde ix liv. de metere Guilline van Ravesteyn, huusv.^e van Jaques Walis, die gaf eenen selveren bier-croes.

Den selven Frans was in den slach by Nieuport anno XVIe, ende t'sedert heeft hy syn Alteze ghedient onder t'regiment van den graef Frederyck, voor Oostende, Caleys, Hertoghenbosch, Mastricht, Gueldre, Herental, Die commende naer Vlaenderen van Hertoghenbosch, es den 17 Lauwe 1605 gestoorven tot Brussel, naer dien hy aldaer seven daghen sieck gheleyt hadde.

La marraine fut dame Henriette Winneels, épouse de Louis, mon frère ; elle donna un Angelot de la valeur de 7 livres 8 escalins, et une pièce de deux escalins. Cet enfant tomba malade le 19 Août de la même année et mourut le 23 ; il était né à sept mois.

Le 18 Juillet (15)78 qui était un jeudi, entre 5 et 6 heures du soir, est né François, notre septième enfant. La lune était au Capricorne, le soleil au Lion. Le parrain, mon frère François, donna un Impérial de la valeur de 9 livres. La marraine, Guillemine Van Ravesteyn, épouse de Jacques Walis, donna un pot à bière, en argent.

FRANÇOIS

Le même François assista au siège de Nieuport en 1600. Depuis il servit son Altesse dans le régiment du comte Frédéric, séjourna à Ostende, Calais, Bois-le-Duc, Maestricht, Gueldre, Herentals. Il quittait Bois-le-Duc pour revenir en Flandre lorsque, le 17 Janvier 1605, il mourut à Bruxelles après une maladie de sept jours.

Den xII^{en} van Mey IIII^{XX}, up eenen saterdach, was ghebooren Tanneken ons achste kynt, up den Sinsche-avont, ten thien hueren voor noene. De mane was in Libra, ende de sonne in Geminy. De peter was Joos, myn broeder, in de name van Wouter Lammoot, die gaf een Philips Daeldere van v^L; ende de metere Anna Condettes, Deryck van Pradeels myn broeder huusv^e, die gaf een Ducaetken van vI^{L}x$^{sch.}$ ende een Teston van xxx$^{sch.}$, metgaders een halven Cruis-Daeldere van xLIII$^{sch.}$.

Ghehuwet up den.... Ougst 1603 met Pieter de Thoor.

Cathelyncken, ons negenste kynt, was ghebooren den xIx van Hoymaent IIII^{XX}IIII, s'donderdaechs, tusschen xI een xII voor middach.

Le 12 Mai (15)80, qui était le jeudi de
l'Ascension, est née, à 10 heures du soir,
Jeannette, notre huitième enfant. La lune était
à la Balance et le soleil aux Gémeaux. Mon
frère Joseph fut parrain au nom de Gautier
Lammoot, et donna un Daeldere à l'effigie de
Philippe d'une valeur de 5 livres. La marraine,
Anne Condettes, épouse de mon frère Thierry
van Pradeels, donna un Ducat de la valeur de
6 livres 10 escalins, un Teston valant 30 escalins et un demi Cruisdaeldere valant 43 escalins.

[Jeannette] épousa, en Août 1603, Pierre de
Thoor:

Le 19 Juillet (15)83, qui était un jeudi, est
née, entre 11 et 12 heures du matin, Catherine,
notre neuvième enfant. -

De petere was m.ͬ Gilles van Hondeghem, bailliu van Hazeb. inde name van damp Robert Daudrehem, abt van Haems, ende de metere joncv.ͬ Guillyne Courtois de wed.ͬ van Jan Waels. De sonne was in Cancer, de mane in Sagittaris. Den abt en sont niet voor velleghefte, nemaer beloofde wat te doen maecken; de metere gaf een halven Real van V.ͪ. In den Somer IIII^{XX}V, den abt heeft syn vellen ghesonden eene Rose Nobel, omme daer mede te doen maecken een baechxsken, t'welcke ghedaen es.

Ghehuwet met Jaques Warneys den xv Lauwe 1602.

Up den xxviii^{en} Novembre IIII^{XX}VI, svridaechs, tusschen xi en xii voor noene was ghebooren ons thienste kynt. De mane was in Cancer, de sonne in Sagittaris. De petere was Loys van Pradeels.

10
JAN.

Maître Gilles van Hondeghem, bailli d'Hazebrouck, fut parrain au nom de dom Robert
Daudrehem, abbé de Ham, et la marraine,
Guilleminne Courtois, veuve de Jean Waels.
Le soleil était au Cancer, la lune au Sagittaire.
L'abbé ne fit aucun cadeau, mais promit de
faire préparer quelque chose. La marraine
donna un demi Réal valant 5 livres. Pendant
l'été (15)85, l'abbé nous envoya généreuse-
ment un Noble à la Rose, avec prière de faire
fabriquer un coffret, ce qui fut exécuté.

[Catherine] épousa le 15 février 1602 Jacques
Warneys.

Le 28 Novembre (15)86, qui était un vendredi,
entre 11 et 12 heures avant midi, est né notre
dixième enfant. La lune était au Cancer, le
soleil au Sagittaire. Le parrain fut Louis van
Pradeels.

10
JEANNE

Die gaf een gouden Leauwe ende een Vlies, de metere was Jane Baerts, huuswrauwe van Frans mynnen broeder, die gaf een Spaensch dobbel Pistolet en een Vlies; en den 22 Sporcle 1591 heeft huer ghegheven in testamente een selveren vergulden ketene, en overleet t'sanderdaechs ten vyf hueren naer noene. God ghedincke huer ziele.

Jane es gheprofeest in t'clooster te Ravesberghe up Ste Laurens dach 1603.

Den xx^{en} April IIII^{xx}IX was gheboren Dieryck ons elfste kynt, s'donderdaechs ten DI vyf hueren naer noene. De sonne was in Taurus, de maene in Cancer. De peter was Dieryck Cotteel die gaf een Vransche Crone ende eenen ouden dobbelen Stuver, en de meter was joncv^e Jacquelyne van Haseb., vrauwe van Hoflande, die gaf en dobbelen Mybreis van xiii^{b}iiii^{sch}, up eenen donderdach. De selve joncv^e heeft hem ghegheven een coppe-tasse in't jaer 1603, mits by my die ghebrukende myn leven lanck.

Il donna un Lion d'or et un Angelot. Jeanne Baerts, épouse de mon frère François, fut marraine et donna une double Pistole Espagnole et un Angelot. Par disposition testamentaire du 22 Février 1591, elle lui donna une chaîne en vermeil, et mourut le lendemain vers 5 heures du soir. Que Dieu ait pitié de son âme.

Jeanne fut reçue professe à l'abbaye de Ravensberghe, le jour St-Laurent (10 Août) 1603.

Le 20 Avril (15)89, qui était un jeudi, est né, vers 5 heures du soir, Thierry, notre onzième enfant. Le soleil était au Taureau, la lune au Cancer. Thierry Cottel, fut parrain et donna une Couronne de France, plus un double Patard, ancienne monnaie. La marraine fut dame Jacqueline van Hazebrouck, dame de Hoflande ; elle donna un double Mybreis de la valeur de 13 liv. 4 escalins parisis. La même dame lui donna en 1603 une coupe à boire, dont je me suis servi toute la vie.

11
THIERRY

(Folio XI en blanc)

(Folio 11 en blanc)

Catherine, dochter Colaert, alierde met Jacques Warneys, ende hebben ghehadt diversche kynderen te weten : Colaert, Cornelis, Jacob, Frans, Joris, Anthone, Pieter, Philips, Isabeau, Catherine, Lowys, Maximiliene.

Colaert alierde met Mayken Courtois, ende hebben ghehadt vier kynderen te weten :

Cornelis, cruusbroeder.

Frans ende Jooris, recolleten.

Iacob, capelaen tot Godtsvelde en daer naer pastor tot Stavel.

Anthone alierde met......Waterleet van Hondeghem, en hebben kynderen.

Janneken, Colaert dochter, religieuse tot Ravesberghe.

Dieryck van Pradeels, capucyn.

Frans, doot tot Ghent of Brussel.

Catherine, fille de Nicolas, épousa Jacques Warneys et eut plusieurs enfants, à savoir : Nicolas, Cornil, Jacques, François, Georges, Anthoine, Pierre, Philippe, Isabelle, Catherine, Loüis, Maximilienne.

Nicolas épousa Marie Courtois, dont il eut quatre enfants, savoir :

Cornil, frère de la Croix.

François et Georges, récollets.

Jacob, vicaire à Godewaersvelde, puis curé à Stavele.

Antoine épousa....... Waterleet, native d'Hondeghem. Ils eurent des enfants.

Jeannette fille de Nicolas, fut religieuse à Ravensberghe.

Thierry van Pradeels, capucin.

François, mourut à Gand ou à Bruxelles.

In April 95, het cooren gelt te Hazeb. in t'eerste vii^L, daer naer viii^L het quartier. In Hoymaent ix^L en x^L; de boonen v^l. In Septembre en Octobre 95, viii^L en vii^L x^{sch}.

In Hoymaent 97, het cooren gelt ix^L en x^L het quartier.

In den Somer 98, het cooren gelt vi L.

In den Somer 99, het cooren gelt iiii^{L}x^{sch}.

En Avril (15)95, le blé valut à Hazebrouck, d'abord 7, puis 8 *L. p.* au quartier. En Juillet, le prix en était de 9 et 10 liv.; et celui des fèves, de 5 *L. p.* En Septembre et Octobre (15)95, celles-ci se vendaient 8 liv., et 7 liv., 10 escalins.

En Juillet (15)97 le blé valait 9 et 10 livres au quartier.

Durant l'été de (15)98, le blé valait 6 *L.*

Durant l'été de (15)99, le blé valait 4 livres, 10 escalins parisis.

Anne, dochter Colaert van Pradeels, alierde met Pieter de Thoor, ende hebben ghehadt diversche kynderen te weten : Colaert, Anthone, Cornelis, Frans en Petronelle.

Colaert, capelaen tot Noortberquin, daernaer pastor van Busschuere.

Anthone alierde met Jaene..... tot Busschuere.

Frans alierde met..... van Hondeghem.

Anne, fille de Nicolas van Pradeels, épousa Pierre de Thoor et eut plusieurs enfants, savoir : Nicolas, Antoine, Cornil, François et Pétronille.

Nicolas fut vicaire à Nortberquin, puis curé de Buysscheure.

Antoine épousa à Buysscheure, Jeanne.......

François épousa........ native d'Hondeghem.

MÉMORIE

Dat den XII^{en} van Ougst LXVI quam te Hazebrouck up de marct preken een uutghelopen van Ypre ghenaemt broer Jacob de Buuser, ghebooren van Hondeghem, vergheselschapt, met vele Walen en Vlaminghem, de welcke staken af alle de beelden, en braken alle de crucen up het kerchof, en destruerden de selve.

Den XV Ougst LXVI, en sdaechs daer naer weesende onse Vrauwe dach, waeren alle de santen uuter kercke ghesmeten en de autaeren ghebroken by de Gheusen van Haseb. en andere.

Up den XXIIII Septembre LXXVIII quamen de Gheusenaers tot Haseb. breecken de kercke, en voorden met hemlieden alle het metael en ander goet vande kercke ; en dit was de tweede brake.

MÉMOIRE

Le 12 Août (15)66, un moine défroqué d'Ypres, appelé frère Jacques de Buuser, natif d'Hondeghem, vint prêcher sur la place d'Hazebrouck. Il était accompagné d'un nombre considérable de Wallons et de Flamands qui renversèrent toutes les statues et détruisirent toutes les croix élevées sur le cimetière.

Le 15 Août (15)66 et le lendemain, fête de l'Assomption, les Gueux d'Hazebrouck et des environs enlevèrent toutes les pierres tombales de l'église et détruisirent les autels.

Le 24 Septembre (15)78, les Gueux vinrent à Hazebrouck, ravagèrent l'église, emportèrent le métal des cloches et quantité d'autres objets appartenant à la même église. Ce fut le second pillage.

In Hoymaent 65, het coorne gelt v *L. p.* t'quartier.

In April 86, het coorne gelt vii *L.* ende viii *L.* t'quartier.

In Mey 86, ix *L.* ende x *L.* het quartier.

In Wedemaent 86, xvi, xvii, en xviii *L.*

In Hoymaent 86, xx, xxii, xxv en xxvi *L.* t'quartier.

Den Heere zy lof, wy waeren tamelyck voorsien en vercochten veel boonen en haver voor ontrent r^c *L.* up t'zelve jaer; maer gheen cooren, dat ic selve moeste copen.

De stede van Hazebrouck was verbrant van t'volck van onsen Conynck den xxix van Hoymaent $IIII^{xx}II$ datter niet een huys bleef up de poorterie. Myn huusvrauwe ende kynderen waeren twee daghen te vooren ghevlucht te Walle, ende ic bleef t'huus met myn broeder Dieryck van Pradeels. Ic en noch eenighe scep. ghinghen hemlieden welle commen die binnen synde; vele vrauwen violerd[n] en pilierd[n] En danne staken het vier, mits dat die in de kercke laghen hemlieden niet wilden inne laeten omme t'goet te nemen

Au mois de Juillet (15)65, le blé valait 5 *L.p.*
au quartier.

En Avril (15)86, le blé valait 7 et 8 *L. p.*
au quartier.

En Mai (15)86, 9 et 10 *L. p.* au quartier.

En Juin (15)86, 16, 17 et 18 *L. p.*

En Juillet (15)86, 20, 22, 25 et 26 *L. p.*, au
quartier.

Béni soit le Seigneur, nous étions abondamment approvisionnés et nous vendîmes, en une seule année, des fêves et de l'avoine pour environ 100 *L. p.*; le blé nous manquant, il nous fallut en acheter.

La ville d'Hazebrouck fut incendiée par les troupes de notre Roi, le 29 Juillet (15)82. Le terrible élément anéantit la localité tout entière. Ma femme et mes enfants s'étant réfugiés deux jours auparavant à la Motte-au-Bois, je restai en ville avec mon frère Thierry van Pradeels, ainsi que plusieurs autres échevins, pour rassurer les habitants. Beaucoup de femmes furent violées et grand nombre de maisons pillées. Pour compléter leur œuvre les troupes mirent le feu à l'église parce que ceux qui y étaient accourus, redoutant les horreurs d'un pillage, refusaient de les laisser pénétrer.

En ic't'selve siende, nam den loop up naer den Wal by myn wyf en kynderen, en aldaer thien daghen synde, trocken van daer naer Arie, en van daer naer Haems, alwaer wy twee jaeren woonden te Rutterie.

Terowane was ghewonnen in t'jaer LIII den.......... van Wedemaent.

Den III^{en} Wedemaent 86, hevet gemaect te Hazebrouck een groot tempeest van donder, en daer vielen haghelsteenen van de grote van henne eyeren die bedorven alle de coornen, rugghe ende boonen.

Den Somer IIII^{XX}, was eenen drooghen somer sonder reghen.

In t'jaer IIII^{XX}, was en groote eerdebevinghe in dit quartier.

Témoin de ce spectacle, je courus aussitôt rejoindre ma femme et mes enfants à la Motte-au-Bois, où nous séjournâmes encore dix jours; puis nous nous dirigeâmes vers Aire, et de là vers Ham où, pendant deux ans, nous habitâmes la Rutterie.

La ville de Thérouanne fut prise le...... Juin (15)53.

Le 3 Juin (15)86 eut lieu, à Hazebrouck, un orage épouvantable avec une pluie de grêlons aussi gros qu'un œuf de poule : les blés, les seigles et les fêves furent hachés.

L'été de (15)80 fut très sec et sans une goutte de pluie.

En l'année (15)80, il y eut un grand tremblement de terre dans cette contrée.

Int'jaer IIII^{x x}I, was te Hazebrouck een seer groote peste dannof wy door de gratie Godts beseermt waeren, anders danne ons jonćwyf dannof gheinfecteert was, die wy deden in ons ovecot, en ghinghen wonen up t'huus ten Hoflande, en van daer t'huus commende, vonden meest al ons ghebueren doot. Cornelis en Grietken waeren t'Arie besteyt, en Jacquemyne t'Ypre, t'welcke ons veel costede.

Tanneken en Frans bleven by huerlieden moeder.

En l'année (15)81, la peste se déclara à Hazebrouck et fit de nombreuses victimes. Nous en fûmes préservés par la grâce de Dieu à l'exception de ma jeune épouse; nous la logeâmes dans notre fournil, et nous allâmes habiter notre maison à l'Hoflande; de retour en ville, nous constatâmes la mort de presque tous nos voisins.

Cornil et la petite Marguerite furent mis en nourrice à Aire et Jacquemine à Ypres, ce qui nous fut très coûteux.

Jeannette et François restèrent avec leur mère.

Clais Courtois, gheboren van Hazebrouck, alierde t'huwelicke met joncvrauwe Pierone Jacobs van Noortovere ghebooren uut Veurnambacht, t'samen woonende tot Hazebrouck die begraven ligghen daer plachte steene St-Jacobs autaer in de kercke van Hazebrouck, voor de veynster van den selven Courtoys ende syne huusvrauwe, in welcke weynster daer naer Jacob Courtois, huerlieden zone, heeft doen stellen de wapenen van syn huusvrauwe.

Het setten van de selve joncvrauwe was daer myn huusvrauwe presentelyck sit, alwaer ooc sat myne joncvrauwe moeder, salegher memorie, tot huer doot, ende en syn dannof gheene jaerlycksche pacht sculdig, zoo t'blyct by de oude rekennyngen van de kercke; welcke sitten ghebroocken was in de jaeren IIII^{xx}II ende IIII^{xx}III alsmen de kercke hielt, ende wy t'huus commende in t'jaer IIII^{xx}IIII, hebbe t'selve doen hermaecken in de selve plecke, t'welcke my gecost heeft wel xvi *L. p.*

Nicolas Courtois, né à Hazebrouck, épousa demoiselle Pierronne de Noortover, fille de Jacques, née dans l'ambacht de Furnes, ils habitèrent Hazebrouck et furent inhumés dans l'église paroissiale devant l'autel St-Jacques, sous une pierre plate en face du vitrail qu'ils avaient donné; après la mort de Nicolas, son fils Jacques fit mettre dans ledit vitrail les armoiries de son épouse.

Mon épouse occupe à l'église la place de dame Nicolas Courtois. Ma mère, de pieuse mémoire, l'avait précédemment occupée jusqu'à sa mort. Nous ne devons rien payer pour cette place, ainsi que les comptes de l'église en font foi. Cette stalle fut brisée en (15)82 et (15)83, lors du pillage de l'église. A notre retour à Hazebrouck, en (15)84, nous avons fait rétablir cette stalle dans son état primitif. Ce travail nous a couté 16 *L. p.*

T'selve sitten en es gheen jaerlycxsche pacht sculdig, soo andere syn, ende en hef oock noyet yet ghegheven, als de andere betaelen, zoo blyct by de reckenynghen van de kercke.

Van velcken Clays Courtois ende de voornaemde joncvrauwe syn gecommen diversche kynderen, te wetene : Jan, Jacob, Margriete, myn joncvrauwe moeder, Marie Jacquemyne, Franchine, Tanneken, Christine ende Jane Courtois, die storf sonder huwen in t'jaer LVII.

Jan huwede met joncvrauwe Catherine Stock, ende storf sonder kinderen achter te laeten, dier my gaf in testamente drie ghemeeten leens, die overleet x Novembre XXXVIII.

Jacob huwede met joncvrauwe Jane de Cherf van Belle. Den selven Jacob storf den xxvii Décembre LXVII tot Hazebrouck in de vespres van een popelesie, emmers daechs daernaer.

Contrairement à toutes les autres, et par exception, cette stalle ne doit aucune redevance annuelle, et n'a jamais rien payé, ainsi que le témoignent les comptes de l'église.

Nicolas Courtois et sa dame eurent plusieurs enfants, à savoir : Jean, Jacques, Marguerite madame ma mère, Marie, Jacquemine, Françoise, Jeannette, Christine, et Jeanne Courtois, qui mourut demoiselle en (15)57.

Jean épousa demoiselle Catherine Stock, et mourut sans postérité. Par testament, il me donna trois mesures de fief et mourut le 10 Novembre (15)38.

Jacques épousa demoiselle Jeanne de Cherf, native de Bailleul. Ledit Jacques mourut le 27 Décembre (15)67 à Hazebrouck, frappé d'une attaque d'apoplexie en assistant aux vêpres ; il mourut le lendemain.

Den welcke hadden voor kynderen : Colaert, Jan, Guilyne, Jane, Mayken ende Herrye.

·Colaert, Jan, doot zonder kynderen metsgaders Herrye.

Jan was ghehuwet met joncvrauwe Guilyne Baeteman ende storf'anno IIII^{XX}III.

Guilyne ghehuwet met Jan Waels die t'samen hebben voor kynderen : Jacques, Thomas, Jan, Diryck, Jane ende Anne.

Jane Courtois es gehuwet eerst met joncker Jan van den Coornhuuse, ende daer naer met Jan Teten. Ende Mayhen es ghehuwet met Pieter Cappoen.

Ledit *(Jacques Courtois de Cherf)* eut pour enfants : Nicolas, Jean, Ghislaine, Jeanne, Marie et Henriette.

Nicolas et Jean moururent sans postérité. Il en fut de même pour Henriette.

Jean épousa demoiselle Ghislaine Baeteman et mourut en (15)83.

Ghislaine épousa Jean Waels dont elle eut pour enfants : Jacques, Thomas, Jean, Thierri, Jeanne et Anne.

Jeanne Courtois épousa en premières noces ; noble homme Jean van den Coornhuuse, et en secondes noces, Jean Teten. Marie épousa Pierre Cappoen.

Margriete Courtois myne joncvrauwe moeder huwede met Colaert Van Pradeels, mynen vader, die t'samen hadden de naervolgende kynderen : Deryck, Joos, Clais, Tanneken, Colaert, Christiene, noch eenen Joos, Loys, Frans, Margriete, noch een andere Pieter.

Dieryck was ghebooren up den lesten Lauwe xxxi ende storf xxv Junii 83 ; Deryck es ghehuwet met joncvrauwe Anne de Condettes, van Cassel. Danof ghecommen zyn : Godefroy, Marie ende Guileyne van Pradeels. Godefroy endeGuileyne zyn gestorven en Octobre 96.

Colaert was ghebooren xxvi November XXXVI. Colaert huusvrauwe en kynderen staen vooren.

Joos es onghehuwet als noch.

Joos ghebooren ix Septembre XL.

Loys den viii Décembre XLI.

Loys es ghehuwet met joncvrauwe Herrye Wynnels, danof twe kynderen syn : Jan ende Victoryne.

Jan van Pradeels filius Lowys overleet den xiii November 1596.

Frans ghebooren xiv Januari XLIII, es ghehuwet met Jane Baerts eende en heeft gheen kynderen, zy huweden in t'jaer 1570.

Den 22 Sporcle 91 heeft Jane, moeye ons Janeken, ghegheven in testamente een vergulden keten.

En in tweede huwelycke met Cathelyne Kynt in t'jaer 92.

Marguerite Courtois, madame ma mère, épousa Nicolas van Pradeels, mon père. Ils eurent plusieurs enfants, à savoir : Thierry, Joseph, Nicolas, Jeannette, Nicolas, Christine, un second Joseph, Louis, François, Marguerite et pour dernier, Pierre.

Thierry était né le 31 Janvier (15)31, et mourut le 25 Juin (15)83 ; il avait épousé dame Anne de Condettes, originaire de Cassel. Ils eurent de ce mariage : Godefroy, Marie et Ghislaine van Pradeels. Godefroy et Ghislaine sont morts en Octobre (15)96.

Nicolas, né le 26 Novembre (15)36. Sa descendance est mentionnée ci-dessus.

Joseph, célibataire jusqu'à ce jour.

Joseph, né le 9 Septembre (15)41.

Louis épousa dame Henriette Winnels, dont il eut deux enfants : Jean et Victorine.

Jean van Pradeels, fils de Louis, mourut le 13 Novembre (15)96.

François, né le 14 Janvier (15)43, épousa en (15)70, Jeanne Baerts, décédée sans postérité.

Ladite Jeanne Baerts, marraine de notre Jeannette, lui donna, par testament du 22 Février (15)91, une chaîne en vermeil.

En (15)92, *François* épousa en secondes noces, Catherine Kynt.

Margriete storf vi^{en} Mey LXX sonder huwen.

Pieter storf x^{en} Sporcle LXVIII.

In t'jaer XV^{c}LXVII den xviii July overleet joncvrauwe Margriete Courtois, myne moeder, ter clocke drie naer middelnach, die wel x ofte xi maenden den vierden curts hadde, ende in t'hende, quam huer een andere siecte, van x daghen dannof zoe storf. Wiens ziele met Gode zy. D'uutwaert was ghedaen den iii^e Ougst daer naer.

Den ii^{en} Octobre in t'zelve jaer storf Colaert van Pradeels, mynen vadere, op eenen sondach ter middelnacht tusschen xi ende xii hueren, die twee maenden ghehadt hebbende den curts, hem toequam een brandeghe siecte van xii daghen, danof hy storf. God ghedyncke zyn ziele. D'uutwaert was ghedaen den xxv^{en} der selve maent.

Marguerite mourut, encore jeune fille, le 6 Mai (15)70.

Pierre mourut le 10 Février (15)67.

En l'année (15)67, le lundi 18 Juillet, à trois heures du matin, mourut dame Marguerite Courtois, ma mère. Pendant dix ou onze mois, elle fut atteinte d'une fièvre aigüe sur laquelle vint se greffer une nouvelle maladie qui l'emporta en dix jours. Que son âme soit avec Dieu. Ses funérailles eurent lieu le 3 Août suivant.

Le dimanche 2 Octobre de la même année, entre onze heures et minuit, mourut Nicolas van Pradeels, mon père. Pendant deux mois, il eut la fièvre, et enfin une maladie inflammatoire, qui dura douze jours et dont il mourut. Que Dieu ait pitié de son âme. Ses funérailles furent célébrées le 25 du même mois.

Colaert van Pradeels, mynen vadere, huwede met mynne joncvrauwe moeder den xxiiii^{en} Lauwe, wesende Ste Pauwels dach XV^{c}XXX^{tich}.

Den voornaemden Colaert, mynen vadere, hadde van te voren ghehuwet met joncvrauwe Margriete de Bacquere. Daer by hy creech vier kynderen te wetene : Jacob, Jan, Willemyne ende Catherine.

Jacob es ghehuwet met joncvrauwe Franchine Courtois, die t'samen hadden : Colaert, Jacques ende Diryck van Pradeels.

Item in zyn twede huwelyck, huwede met joncvrauwe Josine Ghys, die t'samen hadden eene soone ghenaemt Jan.

Item hadde noch voor syn derde husvrauwe Jacquemyne Sroom, daer by hy creech eene dochter genaemt Claerkem die huwede met Jacques Laurens.

Nicolas van Pradeels, mon père, épousa ma mère, le 24 Janvier (15)3o, jour de St-Paul.

Le même Nicolas, mon père, avait épousé précédemment demoiselle Marguerite de Bacquere. De ce premier mariage sont nés quatre enfants : Jacques, Jean, Guillemine et Catherine.

Jacques épousa demoiselle Françoise Courtois et eut plusieurs enfants : Nicolas, Jacques, et Thierri van Pradeels.

Jacques épousa, en secondes noces, Joséphine Ghys dont il eut un fils nommé Jean.

Jacques épousa, en troisièmes noces, Jacquemine Sroom ; de ce mariage est née une fille, nommée Claire, laquelle épousa Jacques Laurens (*lisez Laureyns*).

Willemyne, storf anno 98.

Willemyne huwede met meester Pieter de Decker, die tsamen hadden : Jan, Franchine ende Cathelyne heurlieder kynderen. Jan es jésuyt. Franchine huweede met Bouduin Tassel. Ende Cathelyne (*huwede*) met Jan Wals, filius Jan.

Cotteel storf 1 Septembre 90. Cathelyne van Pradeels huweede met Dierick Cotteel die t'samen hadden : Colaert, Jan, Pieter, Dieryck, Jacques, Frans, Jossine ende Catherine Cotteel.

Colaert doot zonder kynderen.

Jan ghehuwet te Ghendt.

Pieter (*ghehuwet*) met de dochter Bouduin Jonghericx.

Dyerick doot te huwen.

Jacques es ghehuwet met de dochter Max. Volcke.

François (*ghehuwet*) met de dochter Barbasaen de Bert.

Jossine (*ghehuwet*) met Jan de Fray; ende Catherine te Bethune.

Guillemine, décédée en (15)98, épousa maître Pierre de Decker, et eut pour enfants : Jean, Françoise et Catherine. Jean est jésuite. Françoise épousa Baudouin Tassel, et Catherine fut mariée avec Jean Wals, fils de Jean.

Catherine van Pradeels épousa Thierri Cotteél, décédé le 1ᵉʳ Septembre (15)90. De ce mariage sont nés : Nicolas, Jean, Pierre, Thierri, Jacques, François, Joséphine et Catherine Cotteel.

Nicolas mourut sans postérité.

Jean se maria à Gand.

Pierre épousa la fille de Baudouin Jonghèricx.

Thierri mourut sans avoir été marié

Jacques épousa la fille de Maximilien Volcke.

François épousa la fille de Barbasaen de Bert.

Joséphine épousa Jean de Fray ; et Catherine s'établit à Béthune.

Jacob van Pradeels, myn grootheere, vader van Colaert van Pradeels, mynen vader, die overleet den xvii Wedemaent XXVI van Steenbecque.

Charles, synen oudsten soone, overleet te Ysebrouck in Duitslandt xvii Wedemaent XXV, als gendarme.

Joncvrauwe Casine Maes, huusvrauwe van den voorseyden Jacob, overleet den xv^{en} April XXXIX naer Paeschen, van Ste Venans.

Damp Jehan van Pradeels abt van Haems overleet xxiii^{en} Decembre 87, de uutwaert was ghedaen xvi Februarii IIII^{XX}VIII. T'welcken was onsen heer oom, wiens ziele t'zamen met Gode sy. Die was oudt 87 jaeren.

Joncvrauwe Casine van Pradeels, myn vaders suster, huwede te Witques, met Robert d'Audrechem, die t'samen hadden Jan, meestre Pieter ende Robert, abt van Haems.

Jan heeft ooc diversche kynderen.

Jacques van Pradeels, mon aïeul, père de Nicolas van Pradeels, mon père, est décédé le 17 Juin (15)26; il était né à Steenbecque.

Charles, son fils aîné, mourut à Inspruck, en Allemagne, le 17 Juin (15)25, il était homme d'armes.

Dame Nicaise Maes, épouse de Jacques précité, mourut le 15 Avril (15)39, après Pâques; elle était née à St-Venant.

Dom Jean van Pradeels, abbé de Ham, mourut le 23 Décembre (15)87, à l'âge de 87 ans; ses funérailles furent célébrées le 16 Février (15)88. Il était notre oncle; que son âme soit avec Dieu.

Demoiselle Nicaise van Pradeels était une sœur de mon père; elle épousa à Witques, Robert d'Audrechem, et eut trois enfants: Jean, maître Pierre et Robert, abbé de Ham.

Jean eut aussi plusieurs enfants.

Joncvrauwe Jacquemyne Courtois, myn moeder suster, huwede tot Merghem, met Therry de la Fli, die t'samen hadden een dochter die ghehuwet es met joncker Joannes François, bailliu van Cassel, die t'samen hebben acht kynderen.

Anna Courtois, ooc myn moeder suster huwede met Jan Wale van Meteren, die t'samen hadden voor kynderen : Goutier, Colaert, Pieter doot-sonder kynderen. Jan es ghehuwet met de dochter van meestre Pieter de Decker, myne nichte; item eenen François noch te huwen. Jan herhuwet met Margriete Scilders van Ypre.

Cristine Courtois, ooc myn moedere suster, es ghehuwet met Eustaes de Bacquere die hebben voor kynderen : mestre Louis, Jane, Anne, Catheryne ende Jacquelyne.

Demoiselle Jacquemine Courtois, sœur de ma mère, épousa à Merville, Thierri de la Fli, et eut une fille, qui épousa noble homme Jean François, bailli de Cassel. De ce mariage sont nés huit enfants.

Anne Courtois, autre sœur de ma mère, épousa Jean Wale natif de Meteren et eut pour enfants : Gautier, Nicolas, Pierre, morts sans laisser de postérité ; Jean, qui épousa la fille de maître Pierre de Decker, ma cousine; François, encore à marier. Jean *(Wale)* épousa en secondes noces, Marguerite Scilders, native d'Ypres.

Christine Courtois, une autre sœur de ma mère, épousa Eustache de Bacquere, et eut pour enfants : maître Louis, Jeanne, Anne, Catherine et Jacqueline.

'De selven meestre Loys es ghehuwet met Marie Wale, sonder kynderen.

Jane ghehuwet met Steven de Secq, sonder kynderen.

Anne te huwen.

Jaquelyne (*huwede*) met Pieter de Vale, greffier van Cassel, die t'samen kynderen hebben twee dochters te wetene : Christine ende Louwise.

Catheryne (*huwede*) met Charles de Blomme van Veurambacht, die t'samen hebben een kynt ghenaemt Eustaes.

Ledit maître Louis épousa Marie Wale, dont il n'eut point d'enfant.

Jeanne épousa Étienne de Secq, sans lui donner de postérité.

Anne resta fille.

Jacqueline épousa Pierre de Vale, greffier de Cassel. De ce mariage naquirent deux filles : Christine et Louise.

Catherine épousa Charles de Blomme, du pays de Furnes, dont elle eut un fils nommé Eustache.

Daer was noch eene Marie van Pradeels, myn vaders suster, die huwede te Boeseghem met .... van Hondeghem, vader van Charles van Hondeghem van welcken Charles ghecommen es meester Gillis van Hondeghem, bailliu van Hazebrouck.

Welcke Marie ooc noch hadde eenen Matthieu van Hondeghem, die een kynt achterghelaten heeft ende es ghehuwet met Mahieu Willeron te Boeseghem.

De selve hadde noch een dochter die huwede (tot) St Omaers met .... danof ghecommen es de eerste huusvrauwe van François van de Velde.

Mon père eut aussi une sœur nommée Marie van Pradeels, laquelle épousa à Boeseghem, ... van Hondeghem, père de Charles, duquel est né maître Gilles van Hondeghem, bailli d'Hazebrouck.

La susdite Marie eut un autre fils : Mathieu van Hondeghem qui laissa une fille, avec laquelle se maria Mathieu Willeron de Boeseghem.

Elle eut une autre fille qui épousa à St-Omer......... dont descend la première épouse de François van de Velde.

Den xx^{en} April 1576, styl van placaten, overleet Robert Walis, myn schoonwader, up eenen Goeden Vrydag, begraven t'Eecke in Ste-Niclais choor.

Catheryne Lammoot, syne huusvrauwe, overleet den xxII Novembre 79 te Belle, ende syn bede begraven t'Eecke in Ste Niclais choor.

Jacques Walis, huerlieden zone, overleet t'Ypre den xvII Novembre 83, sonder kynderen, begraeven t'Ypre in Ste Martins kercke.

Wouter Lamoot overleet den xI Octobre 83 t'Arie.

François Lamoot overleet den laesten Décembre 77, te Hazebrouck, begraven t'Eecke.

Le 20 Avril 1576, style des placards, mourut Robert Walis, mon beau-père. C'était le Vendredi-Saint. Il fut inhumé dans le chœur de la chapelle St-Nicolas, en l'église d'Eecke.

Catherine Lammoot, son épouse, mourut à Bailleul, le 22 Novembre (15)79 et fut inhumée à côté de son mari, dans le chœur de la chapelle St-Nicolas, en l'église d'Eecke.

Jacques Walis, leur fils, mourut célibataire à Ypres, le 17 Novembre (15)83 ; il fut inhumé dans la même ville en l'église Saint-Martin.

Gautier Lamoot mourut à Aire, le 11 Octobre (15)83.

François Lamoot mourut à Hazebrouck, le 31 Décembre (15)77, et fut inhumé à Eecke.

Op Ste Thomas dach anno 87, storf damp Jehan van Pradeels, abt van Haems, onsen heer oom, wiens ziele God ghenadich zy.

Up Ste-Simoene en Judas dach 95, storf damp Robert d'Audrehem, abt van Haems, onsen rechtshwere, wiens ziele God ghenadich zy.

Joncvrauwe Casine van Pradeels, myn vaders sustere, huwede met Robert d'Audrehem te Witques by Arye, danof commen Jan d'Audrehem, meestre Pieter d'Audrehem ende damp Robert d'Audrehem, abt van Haems.

Jan heeft maer eenen zone ghenaemt Jan.

Meestre Pieter (d'Audrehem), canonynck t'Arie.

Den selven Jan (d'Audrehem) heeft een dochter ghehuwet in Veurnambacht met Moucron, sonder te weten zynen name.

Le jour St-Thomas (21 *Décembre*) (15)87, mourut notre oncle, dom Jean van Pradeels, abbé de Ham. Que Dieu ait pitié son âme.

Le jour St-Simon et St-Jude (28 *Octobre*) (15)95, mourut dom Robert d'Audrechem, abbé de Ham et notre cousin germain. Que Dieu ait pitié de son âme.

Dame Nicaise van Pradeéls, la sœur de mon père, épousa Robert d'Audrechem de Witqués, près d'Aire. De ce mariage naquirent : Jean d'Audrechem, maître Pierre d'Audrechem, et dom Robert d'Audrechem, abbé de Ham.

Jean n'eut qu'un fils, nommé Jean

Maître Pierre d'Audrechem fut chanoine à Aire.

Ledit Jean (*d'Audrechem*) eut une fille, qui fut mariée dans le pays de Furnes, avec Moucron (*lisez Moucheron*) dont j'ignore le prénom.

François, onsen sone, es ghestorven te Brussel, den xvii^{en} van Lauwe 1605, ten iiii hueren voor noene up St Antheunis dach, commende van Hertoghenbosch omme naer huus te commen, alwaer hy lach sieck seven oft achte daghen.

Hy arriveerde te Brussel den viii^{en} ende storf den 17^{en} Lauwe in t'selve jaer 1605.

Welcken François huerlieden Hoocheyden ghedient heeft t'sedert den slach van Nieuport, alwaer hy was, ende vorts gheleyt heeft van Oosthende zeeckeren tyt, van daer es hy ghetrocken met zynen capiteyn naer Herental, Gueldre, Mastricht, ende syn laeste garnisoen was Hertoghenbosch tot dat hy afquam. Wiens ziele God ghenadich zy.

Hy diende onder t'regiment van den grave Frederycke van den Berghe, metter spise als edelman. Synen capiteyn was ghenaemt capiteyn Blanckaert, alle Duitschen ende Nederlanden.

François, notre fils, mourut à Bruxelles, le 17 Janvier 1605, jour de St-Antoine, vers huit heures du matin. Il avait quitté Bois-le-Duc, pour rentrer dans ses foyers. Il était arrivé à Bruxelles le 8 et mourut le 17 Janvier 1605; il ne fut malade que pendant sept à huit jours.

François avait été au service de leurs Altesses, depuis le siège de Nieuport, auquel il prit part. Peu de temps après, il quitta Ostende, et à la suite de son capitaine, il séjourna à Herenthals, en Gueldre et à Maestricht. Bois-le-Duc fut sa dernière garnison. Que Dieu ait pitié de son âme.

Il faisait partie du régiment du comte Frédéric van den Berghe, et en sa qualité de gentilhomme, il était chargé de la garde des vivres. Son capitaine s'appelait Blanckaert et sa compagnie était composée d'Allemands et de Néerlandais.

Robert Walis, van de prochie van Eecke, hadde twee kynderen by Cathelyne Lammoot, zyne huusvrauwe, ghenaemt : Jacob ende Marie ofte Maeykin.

Den selven Jacob huwede met Gilline van Ravesteyn, van Thielt, filia Pieter.

Welcken Jacob, storf t'Ypre, hanghende den tiyd vande blokeeringhe, anno 83.

Ende de voornoemde Marie (Walis) huwede met Colaert van Pradeels, filius Colaert, die t'samen hadden de voornoemde kynderen. Die storf anno 97 den laesten October. God ghedyncke de ziele.

Robert Walis, originaire d'Eecke, ayant épousé Catherine Lamoot, eut deux enfants: Jacques et Marie.

Jacques épousa Ghislaine van Ravesteyn, fille de Pierre, originaire de Thielt.

Ce même Jacques mourut à Ypres, pendant le blocus de cette ville, en (15)83.

Marie Walis épousa Nicolas van Pradeels, fils de Nicolas, dont elle eut les enfants précités. Elle mourut le 31 Octobre (15)97. Que Dieu ait pitié de son âme.

Den vornoemden Robert hadde eenen broeder, ghenaemt m.ᵉ Daniel Walis, die ghehuwet
was te Paris, ende storf aldaer anno 64, den
welcken aldaer was postulant in t'Parlement.

Ende hadde den vornoemden Robert ooc
een suster ghenaemt, Mayken Walis, die
huwede te Hazebrouck, met m.ᵉ Joos de Pours,
medecyn. Danof commende zyn de huusvrauwe
Guilleminne Top. Den zone van Jan de Pours,
ghenaemt Jacob, ende de dochter van Jacob
de Pours, filius m.ᵉ Joos, alsnoch dese twee
leste te huwen.

Robert (Walis) précité avait un frère appelé maître Daniel, qui s'était marié à Paris, où il mourut en (15)64; il prenait ses grades pour entrer au Parlement.

Ledit Robert avait aussi une sœur, Marie Walis, qui épousa à Hazebrouck, maître Joseph de Pours, médecin.

C'est d'eux que descend la femme de Guillaume Top. Jacques de Pours, fils de Jean et la fille de Jacques de Pours, fils de maître Joseph, ne sont pas encore mariés.

Dus zo es de voornoemde Guilame Top huusvrauwe rechtzweire van den overleden huusvrauwe van Colaert van Pradeels.

Ende de voorseyde Cathelyne Lammoot hadde twee broeders te wetene: François ende Wouter Lammoot, die bede gestoorven zyn sonder kynderen achter te laeten; nemaer en waeren maer halve broeders van de zelve Cathelyne al van eenen vadere.

De voornoemde Cathelyne hadde ooc een halve suster die ghehuwet was met Jan Heneman t'Eecke, die ooc gheheele suster was van de voornoemde François ende Wouter.

C'est ainsi que l'épouse dudit Guillaume Top était la cousine germaine de l'épouse de Nicolas van Pradeels.

Ladite Catherine Lamoot avait deux frères : François et Gautier, qui moururent tous deux sans descendance. Toutefois ils n'étaient que demi-frères de ladite Catherine, étant issus d'un même père.

Cette Catherine avait de plus une demi-sœur mariée avec Jean Heneman né à Eecke, laquelle était une sœur de François et de Gautier susnommés.

Den welcken Heneman mette selve hadde diversche kynderen, Jan ende Pieter Goudenhooft van Caester, met huerlieder susters. Item de kynderen Pieter Jacobs ende de kynderen Casen ende Michiel de Coopman.

De voorseyde Cathelyne moeder was de weduwe van m.ᵉ Jan Cauwelsyn van Berthen, die t'samen hadden eenen zone ghenaemt François Cauwelsyn.

Welcken François hadde eenen zone ghenaemt Jan, die ghehuwet es te Belle met Mayken Yweins.

Ledit Heneman eut de celle-ci plusieurs enfants : Jean et Pierre Goudenhooft de Caestre et leurs sœurs, ainsi que les enfants de Pierre Jacques, les enfants Casen et Michel de Coopman.

La susdite Catherine fut mère dé la veuve de maître Jean Cauwelsyn de Berthen, laquelle eut un fils nommé François Cauwelsyn.

Ce François [Cauwelsyn] eut un fils nommé Jean, qui épousa, à Bailleul, Marie Yweins.

Die t'samen hebben diversche kynderen dannof eene ghehuwet es met Pieter Waele.

So dat den vornoemden Jan Cauvelsyn ende myn huusvrauwe waeren ooc rechtzweirs van huer moeders zyde, ooc van halven bedde.

Daniel Spetebroot t'Eecke, filius Daniel es andersweire van myn wyf, ende synen vader ghenaemt ooc Daniel, was rechtzweire van Robert Walis.

Daer es eenen Jan Spetebroot in Holant, filius Pieters, die ooc andersweire es van myn huusvrauwe. Dat zyn al de vrienden die myn wyf heeft, daer ic boom soude connen maecken;

De ces derniers, naquirent plusieurs enfants, dont une fille mariée à Pierre Waele.

De cette manière, Jean Cauwelsyn est cousin germain de ma femme, du côté maternel, mais de lits différents.

Daniel Spetebroot né à Eecke, fils de Daniel, est cousin issu germain de ma femme, et son père, également nommé Daniel, était cousin germain de Robert Walis.

Il y a en Hollande, un Jean Spetebroot, fils de Pierre, lequel est aussi cousin issu germain de ma femme. Tels sont tous les parents de ma femme, dont je pourrais dresser un arbre généalogique;

Nemaer heeft noch wel veel cousyns ende nechten t'Eecke.

MÉMORIE. — Dat wylen mynen vader ende moeder begraven legghen by den zerksteen van onsen grootheere Clays Courtois; alwaer ooc myn huusvrauwe begraven es, metgaders vele van onse vrienden.

Cornelis van Pradeels alierde met Janneken Dekers, en hebben ghehadt diversche kynderen, te weten: Colaert, Dieryck, Anthone, Catherine, Willemine, Marie, Adrienne, Francinken.

Colaert alierde met Adrienne Lammens, van Bambeicke, en hebben ghehadt diversche kynderen, te wetene.....

Dierick alierde met Margariete Lammens, van Bambeicke, en hebben gehadt diversche kynderen, te vetene......,

Adrienne ghetrauwt met Remy Glassant, coster van Abbleghem ende heeft achter ghelaeten 2 kynderen te weten : Laurense-Janneken ende Adriane.

Anthone, doot jonckman. Catherine, religieuse tot Steenworde. Willemine, religieuse tot Honschoote.

Sans parler d'un grand nombre de cousins et de cousines qui habitent Eecke.

Mémoire. — Mes vénérés parents sont inhumés près la pierre tombale de notre aïeul Nicolas Courtois ; là aussi, se trouvent inhumés ma femme et plusieurs de nos parents.

Cornil van Pradeels épousa Jeanne Deckers dont il eut plusieurs enfants : Nicolas, Thierry, Antoine, Catherine, Guillemine, Marie, Adrienne et Françoise.

Nicolas épousa Adrienne Lammens, de Bambecque, et eut plusieurs enfants.....

Thierry épousa Marguerite Lammens, de Bambecque, et eut plusieurs enfants.....

Adrienne épousa Remy Glassant, clerc d'église à Eblinghem, et laissa deux enfants : Laurence-Jeannette et Adrienne.

Antoine mourut célibataire. Catherine fut religieuse à Steenwoorde. Guillemine, religieuse à Hondschote.

Den pays van Vranckerycke was te Hazebrouck uytgheroopen up den...... 1598.

Ende de uutvaert van den Conynck Philips es ooc ghedaen in t'zelve jaer 98.

Ende den paix van Inghelant was utgheroopen in t'jaer 1604 up den.........

Marie alierde met Michiel de Kerves, filius Jan, te Rexpoede, ende hebben gecreghen diversche kynderen, danof Janneken ende Pietronelle ende Cornelis.

Adrienne beghinne tot Brugghe, daer naer alierde met....... ...

Francinken alierde met Jacob de Guerser tot Hazebrouck, en hebben ghehadt 8 kynderen te weten : Loys, Dierick, Cathelyne, François Franchyne, Pieter, Janneken ende Guilliame.

La paix avec la France fut proclamée à Hazebrouck, le....... 1598.

En cette même année (15)98 furent célébrées les funérailles du roi Philippe II.

La paix avec l'Angleterre fut proclamée le....... 1604.

Marie épousa à Rexpoëde Michel de Kerves fils de Jean, et eut plusieurs enfants : Jeanne, Pétronille et Cornil.

Adrienne, d'abord béguine à Bruges, se maria plus tard avec.......

Françoise épousa à Hazebrouck, Jacques de Guerser, dont elle eut huit enfants : Louis, Thierry, Catherine, François, Françoise, Pierre, Jeannette et Guillaume.

Jaquemynken, Colaert dochter, ghehuwet met Pieter van Straseele en hebben ghehadt diversche kynderen: Jacob, Colaert, Pieter, Marie, Anne, Guillame, Loys.

Jacob alierde met Petronelle Warneys ende hebben ghehadt diversche kynderen te weten : Jacquemynken, Cathelyne, Marie.

Colaert alierde met Catherine Wiaert en hebben ghehadt diversche kynderen, te weten: Pieter, Laurens, Jacob, Jan, Jacob, Pieter capucyn.

Guillame allierde met Christinne Wiaert, weduwe Jan Danys, en hebben ghehadt Pieter, Anne, Christine, Cathelyne ende Augustin.

Marie alierde met Phillips Arnoult ende hebben ghehadt twee kynderen te weten : Philips ende Marie.

Anne alierde met Jan de Ram van Cassel. Loys alierde met Martyncken van de Walle tot Belle ende hebben ghehadt 2 kynderen; daernaer herhuwet met.....

Jacquemine, fille de Nicolas, épousa Pierre van Strazeele, et eut plusieurs enfants : Jacques, Nicolas, Pierre, Marie, Anne, Guillaume et Louis.

Jacques épousa Petronilie Warneys et eut plusieurs enfants à savoir : Jacquemine, Catherine, Marie.

Nicolas épousa Catherine Wiaert, et eut plusieurs enfants, à savoir : Pierre, Laurent, Jacques, Jean et Jacques. Pierre fut capucin.

Guillaume épousa Christine Wiaert, veuve de Jean Danys, dont il eut : Pierre, Anne, Christine, Catherine et Augustin.

Marie épousa Philippe Arnoult, et eut deux enfants, à savoir : Philippe et Marie.

Anne épousa Jean de Ram, de Cassel.

Louis épousa, à Bailleul, Martine van de Walle et eut deux enfants. Il épousa en secondes noces........

Victorine van Pradeels, filia Loys, es ghehuwet met Gilles Hazebaert in t'jaer 98 te
Berghen, ooc rechtzwéir van myme kynderen,
ende hebben ghehadt 2 kynderen te weten
Magdaleine ende Anthoine.

Anthone gestoorven te Ghendt ofte Brussel.

Ende Magdaleine ghehuwet met m: Jacques
Baes, ende heeft een kynt, ghenaemt Rogier.

De stede van Hazebrouck es anderwarf
verbrant up Hellick sacraments dach anno 1603
ontrent den IIII hueren naer noene, ende waeren
alle de huusen verbrant van de kercke Oostwart
tot de merie marct, ende alle de Waert straete ;
het vier was beseut an het stede-huis by het
clooster, daer waeren behouden up de Kerchof
straete vier zo vyf huusen, dannof het onse
een was ; nemaer de schuere ende stallen
waeren verbrant. Welck vier quam by onghe-
lucke sonder seeckerlyck te wetene hoe.

Victorine van Pradels, fille de Louis, épousa en (15)98, à Bergues, un cousin germain de mes enfants, Gilles Hazebart, dont elle eut deux enfants : Madeleine et Antoine.

Antoine mourut à Gand ou Bruxelles.

Madeleine épousa maître Jacques Baes, dont elle eut un fils nommé Rogier.

La ville d'Hazebrouck fut de nouveau détruite par un incendie, le jour du St-Sacrement (10 Août) 1603, vers 4 heures de l'après midi. Toutes les maisons du côté Est de l'église jusqu'à la place de la mairie et la rue du Rivage furent la proie des flammes; le feu s'arrêta à l'hôtel de ville, près du couvent. Quatre ou cinq maisons furent préservées dans la rue du Cimetière, de ce nombre était la nôtre; toutefois la grange et les étables furent brûlées. La cause du feu fut accidentelle, on ne sut positivement à quoi l'attribuer.

Up den 11^{en} Paessche dach anno 1606, wesende den xxvii^{en} van Maerte, was een tempeest van wyndt ende daer waeren vele boomen ende schueren omme ghewayt, metgaders eenichte muelen ende huusen, by daghe ten x, xi ende xii hueren.

In l'jaer 1576, up St-Vincents avont, was eenen onstuimige wyndt ende daer waeren danne weele muelens omme ghewayt ende veel boomen, ende het geschiede snachs.

Margriete van Pradeels, myne moeder storf den 8 Ougst 1637. Wiens ziele Godt ghenadich zy.

François Colpart, mynen vader, storf den 13 Ougst 1637. Wiens ziele Godt ghenadich zy.

Le lundi de Pâques, 27 Mars 1606, de dix heures à midi, il y eut une grande bourrasque de vent, beaucoup de granges et d'arbres furent renversés, ainsi que quelques moulins et des maisons.

L'année 1576, le soir du jour St-Vincent, (24 Mai) une tempête violente se déchaîne sur notre ville, beaucoup de moulins et beaucoup d'arbres furent renversés durant cette nuit.

Marguerite van Pradeels, ma mère, mourut le 8 Août 1637. Que Dieu ait pitié de son âme.

François Colpaert, mon père, mourut le 13 Août 1637. Que Dieu ait pitié de son âme.

Margueriete, Colaert dochter, huwede met François Colpaert, filius Jan, van sinte Marie Cappel, en hebben ghehadt 12 kynderen te weten: Colaert, Charles, Jacquemyncken, Cornelis, Loys, Colaert, Jossine, Jorinne, Catherine, Marie, Frans, ende Jan.

Colaert jonck gestorven.

Charles vermoort, oudt wesende 26 jaeren.

Jacquemynken gehuwet met Maximilien Volcke, filius Jacobs, en hebben ghehadt thien kynderen, te wetten : Frans, Maximilien, Clare, Charles, Petronelle, Marie, Janneken, Marie, Catherine, Jacob. François ende Maximilien, Aujustinen.

Clara gehuwet met Guillamus Kiecken van Busscheure.

Jacquemynken storf den...... February 1633.

Clara heft ghehadt Cathelyne, Lowys, Cornelis.....

Marguerite, fille de Nicolas, épousa François Colpaert, fils de Jean, de Ste-Marie-Cappel, et eut douze enfants, savoir : Nicolas, Charles, Jacquemine, Cornil, Louis, Nicolas, Joséphine, Georgine, Catherine, Marie, François et Jean.

Nicolas mourut jeune.

Charles fut assassiné à l'âge de 26 ans.

Jacquemine épousa Maximilien Volcke, fils de Jacques, et eut dix enfants, savoir : François, Maximilien, Claire, Charles, Pétronille, Marie, décédée en bas âge ; Jeannette, Marie, décédée en bas âge ; Catherine, décédée en bas âge ; Jacques, décédé en bas âge. François et Maximilien se firent frères Augustins. Claire épousa Guillaume Kiecken, de Busscheure.

Jacquemine mourut le .. Février 1633.

Claire eut pour enfants : Catherine, Louis, Cornil......

Cornelis Colpaert ghehuwet met Margariete Gilles tot Dunckercke ende hebben ghehadt 6 kynderen te wetten : Marie-Franchoise ; Cornelis Loys ; Robert Franchois ; Anthone, Franchois ; Margariete ; Cornelis, Franchois ende Robert François doot. Cornelis doot anno 1637 ende begraven in de capelle van de Récolleten tot Dunckercke.

Cornil Colpaert épousa à Dunkerque Marguerite Gilles et eut six enfants savoir; Marie
Françoise; Cornil Louis ; Robert François ;
Antoine François; Marguerite et Cornil. François et Robert François décédés. Cornil mourut
en 1637 et fut inhumé dans la chapelle des
Récollets à Dunkerque.

Loys ghehuwet met Petronelle du Molin, filia Olivier, en hebben ghehadt seven kynderen te weten : François, Margariete Marie, Jean-Baptiste, Catherine, Lowys, Cornelis ende François.

François, doot te xvii maenden.

Marie, in de maendt.

Catherine, te acht maenden.

Louis épousa Pétronille du Molin, fille d'Olivier et eut sept enfants : François, Marguerite Marie, Jean-Baptiste, Catherine, Louis, Cornil et François.

François mourut à l'âge de 17 mois;

Marie, dans son premier mois;

Catherine, à l'âge de huit mois.

Colaert ghehuwet met Janneken Cawel, filia Christiaen, en hebben ghehadt drie kynderen te weten : Margariete, Jacquemynken ende Christiaen.

Colaert storf den 1er Januarii 1633.

Nicolas épousa Jeannette Cawel, fille de
Chrétien, et eut trois enfants : Marguerite,
Jacquemine et Chrétien.

Nicolas mourut le 1er Janvier 1633.

Marie huwede met Jaques Yolke, greffier van Steenwoorde, ende daer naer met Adriaen van Sassen ende hebben ghehadt te weten : Marie-Lowyse, Frans-Ferdinandus.....

Marie épousa d'abord Jacques Volcke, greffier de Steenwoorde, et en 2es noces, Adrien van Sassen, elle eut pour enfants : Marie-Louise, François-Ferdinand......

Josinne ende Catherine damen tot Ravensberghe.

Joséphine et Catherine, furent religieuses à Ravensberghe.

NOTES

Contrairement à ce que pourrait faire supposer l'orthographe de son nom, la famille van Pradelles n'est nullement originaire du village de Pradels ou Pradelles, mais de Steenbecque, près Hazebrouck. La seigneurie de Pradelles appartenait jadis à la famille de La Haye, des comtes d'Hesecque. C'était un fief vicomtier ayant haute, moyenne et basse justice; il consistait en 80 mesures, 1 quartier et 6 verges (1) de terres et pâturages, situés à Pradelles et au Noorhouck, canton d'Hazebrouck. Ce domaine, dont relevaient quinze arrière-fiefs plus ou moins importants, donnait au seigneur de Pradelles, outre le droit de choisir son bailli et sept échevins avec greffier et sergent, pour y exercer en son nom, le pouvoir administratif et judiciaire, celui de percevoir certains deniers seigneuriaux appelés *Marcqgeldt*, à raison de quatre patards par mesure de terres côtières et le 10e denier de celles tenues en fief et pouvant être vendues. Le seigneur de Pradelles jouissait de plus du droit de *Tonlieu* appelé *Ponthole*, en vertu duquel il lui était dû deux patards à la livre de gros, sur tous les bestiaux, biens mobiliers et catheulx qui se vendaient dans ladite juridiction. A lui seul appartenait aussi le droit exclusif de chasse et celui de se faire présenter à lui-même, ou à la dame de Pradelles, ou bien à leur bailli, tous comptes relatifs à la communauté, à l'église, ainsi que ceux de la table des pauvres et autres. Tels étaient les droits et privilèges dont jouissait, de temps immémorial, le seigneur de Pradelles, droits et privilèges que l'on trouve détaillés dans un rapport et dénombrement fait audit Pradelles, le 20 Octobre 1787 et présenté par Pierre-Charles-François Bruslé de Baubert aux Président et trésoriers généraux des

---

(1) La mesure, ou 240 verges, correspondait à 35 ares 25 centiares.

finances, pour rendre foi et hommage au roi de France, de qui relevait cette terre vicomtière, comme se trouvant située dans la chatellenie de Cassel. Ledit Pierre-Charles-François Bruslé de Baubert l'avait recueillie par succession de feue dame Elisabeth-Félicité Odet, sa mère, qui l'avait héritée de Jacques-François Odet, son père. Ce dernier l'avait reçue par succession de demoiselle Marguerite-Autstribert Hendricq, sa sœur, à qui cet héritage était échu comme héritière du sieur Christophe-François Hendricq, son frère, lequel l'avait acheté au sieur de La Haye, comte d'Hesecque. A cette même famille appartenait la seigneurie de la Clyte, également située audit village de Pradelles, de la contenance de 27 mesures, 3 quartiers, 11 verges, suivant le dénombrement qui en fut aussi fait à la date précitée, 20 Octobre 1787.

Nous avons dit que les van Pradelles, seigneurs de Palmart étaient originaires du village de Steenbecque. Noble homme Jean van Pradelles, demeurant à Steenbecque vers 1448 et y décédé en 1475, était seigneur d'une seigneurie vicomtière sans nom, sise audit lieu et relevant de la cour et seigneurie de Thiennes. Le foncier avait une contenance totale de 22 mesures, 3 quartiers, 1 demi verge, divisé en quatre parties, dont la principale, d'une contenance de 6 mesures, constituait le manoir féodal.

Jacques van Pradelles, son fils, servit le 21 Avril 1475, le dénombrement de ce fief vicomtier et en reçut récépissé signé par Alexandre Marissael, bailli de messire Antoine de Crévecœur, seigneur dudit lieu, de Thiennes, de St-Floris, de Steenbecque et de Blaringhem. C'est également à cette date, qu'il fit au même seigneur, rapport et dénombrement d'une autre seigneurie vicomtière sans nom, sise à Thiennes, composée de bois taillis, prés et terres de la contenance totale de 16 mesures, 3 quartiers. Nous ne savons ce qu'il advint de cette seigneurie, si elle fut vendue ou si elle resta dans la famille, car par la suite nous n'en retrouvons aucune trace.

Jean van Pradelles, son fils, épousa Félicie de Roucx, dame de Berkin. On ignore la date de sa mort, mais nous croyons pouvoir la fixer vers 1483, car à cette époque,

Félicie de Roucx fit rapport et dénombrement de son fief de Blequin ou Berquin et en reçut récépissé signé par Remy van den Broucke, pour lors bailli de Cassel. La seigneurie vicomtière de Berquin, relevant de la cour de Cassel consistait en une rente foncière de trente-deux livres de gros de Flandre, hypothéquée sur une maison sise à Cassel. Cette seigneurie avait deux arrière-fiefs, l'un, fonds de ville de la contenance de 15 verges, sis à Cassel, sur lequel se trouvait une maison appelée de temps immémorial *t'Berquin*; l'autre, également fonds de ville, sis audit Cassel, de la contenance de 31 verges.

Jacques van Pradelles, son fils, releva le 14 Décembre 1504, la seigneurie vicomtière sans nom, sise à Steenbecque. Il épousa Guillemine Maes, dame de Palmart fille du chevalier Maes et de Marguerite de Lières, et petite-fille du chevalier Maes, qui fut tué de la propre main du duc de Lorraine, en défendant vaillamment la bannière de Charles le Téméraire, à la célèbre bataille de Morat, en Suisse, en 1476. (Livre d'or de la Noblesse de France, par le marquis de Magny, tome II, p. 140.)

Ce nom de famille se rencontre orthographié de différentes manières. Dans un même acte, on rencontre : *van Pradelles, de Pradelles* et *van Pradeels* (1), mais la forme van Pradelles domine dans la plupart des actes qui nous sont parvenus. Sanderus a latinisé van Pradelles en *de Pradellis*, ce qui semble confirmer que la véritable orthographe de ce nom est van Pradelles.

Cette famille se fixa quelque temps à Hazebrouck, puis à Bailleul, où deux de ses membres remplirent la charge de lieutenant-général au bailliage royal et siège présidial de Flandre à Bailleul; ce furent messire Nicolas-Emmanuel van Pradelles, écuyer, seigneur de Palmart, de Berkin, etc., et son fils, Nicolas-Marie-Joseph, décédé en cette ville,

---

(1) Ceci ne doit pas nous étonner, car dans trois actes de l'année 1457, reposant aux Archives de la ville de Bruges, un même personnage porte ces trois noms : Willem Henri *van Hondeghem*, messire Guillaume de *Hondeghem*, seigneur de *Kienville* et messire Guillaume, seigneur de *Kienville*. (Inventaire des Archives de la ville de Bruges, par M. Gilloodts, introduction p. 318). Nous pourrions multiplier les exemples de ce genre.

le 1er Mars 1833. Depuis cette époque, la famille van Pradelles s'est retirée au château d'Eblinghem, près Hazebrouck.

Ses armes sont : *écartelé d'or et de sable, à la bande de gueules brochant sur le tout.* Devise : *La lenteur avance plus souvent.*

(Fol. 11.) Dans la *Gallia Christiana*, édition de 1876, tome III, col. 512, nous voyons que Jean van Pradelles, appelé par l'auteur *Johannes de Pradellis*, fut le 29e abbé de Ham-lès-Lillers, en Artois. L'auteur ajoute qu'il succéda à l'abbé Julien Bournel, qu'il eut un coadjuteur en 1574, qu'il mourut en 1587 et fut enterré dans la chapelle de la Vierge, ainsi que dom Robert Daudrehem, son neveu et successeur à la dignité abbatiale. Ce dernier répara le dortoir et procura de nombreux embellissements à l'église. On leur fit une épitaphe commune ainsi conçue :

Cy devant gist dom Jehan Pradels
abbé de cette église, lequel trépassa en l'an 1587
le 21 Décembre
et dom Robert Daudrehem
abbé de cette mesme église, lequel a fait faire cette table
en l'an 1595, le 28 Octobre.
Priez Dieu pour leurs âmes.

A propos de dom van Pradelles, abbé de Ham, nous devons reproduire ici une note qui nous a été fort obligeamment communiquée par notre ami, M. Eugène Cortyl, docteur en droit à Bailleul ; nous la donnons textuellement :

« Dom de Pradelles, abbé de Ham, était un saint reli-
» gieux, qui, dans les temps troublés et malheureux où il
» vécut, alors que la révolte était presque générale dans
» les Pays-Bas, mit tout en œuvre pour soutenir la cause de
» l'Eglise et celle de son souverain, le roi d'Espagne. Il
» faisait trois parts des revenus de son abbaye, en gardait
» un tiers pour lui et ses religieux, distribuait l'autre aux
» personnes de qualité, que leur attachement à la foi
» catholique et les guerres de religion avaient ruinées, et,

» mettait chaque année le dernier tiers à la disposition du
» roi d'Espagne, pour l'aider à faire la guerre contre les
» Gueux.

« Aussi, le duc d'Albe le prisait-il fort, et un jour causant
» avec lui de la malheureuse situation des Flandres, attristé
» du peu de concours que lui donnaient les abbés et les
» ecclésiastiques du pays, et ému de l'admirable dévoue-
» ment du saint religieux, il lui dit, posant sa lourde main
» sur l'épaule de l'abbé : Dans cent ans, Ham n'aura pas
» un tel abbé que vous ; bon père, priez pour nous qui
» sommes tout à vous.» (Extrait d'une généalogie manus-
crite, de la famille van de Walle alliée à la famille van
Pradelles).

(*Fol. 11*). *Inghelschen Henricus souverain*. Monnaie
d'or anglaise, émise sous Henri VIII, roi d'Angleterre,
valant environ sept livres parisis, monnaie de Flandre.
Cette monnaie était toute différente du *Souverain* de Hollande, qui valait trois ducats ou quinze livres et quinze sols,
monnaie hollandaise. Le *Carolus Gulden* était une pièce de
vingt sous, (*twintigh stuvers*).

Remarquons en passant que, très souvent au XVIᵉ siècle,
les cadeaux de noce ou de baptême consistaient en quelques pièces d'or ou d'argent de monnaie ancienne ou étran-
gère. C'était une antique coutume dont il est fréquemment
fait mention dans nos vieux comptes de dépenses générales
ou particulières. — Ajoutons aussi que, n'ayant nullement
la prétention d'établir après tant d'autres, la valeur compa-
rative des anciennes monnaies avec notre monnaie actuelle,
nous nous contenterons de renvoyer aux savants travaux de
MM. Serrure, Leber et Chalon, ceux qui voudraient se
rendre un compte à peu près exact des nombreux change-
ments que firent, jadis et trop souvent, subir aux valeurs
monétaires, des raisons d'intérêt ou de politique. A
d'autres de nous éclairer sur ce point délicat; nous nous
bornerons à relever à l'occasion le nom des monnaies citées
par notre auteur, et à indiquer la valeur qu'elles avaient
à son époque.

(*Fol.* 11). *Copken*, petite coupe ; diminutif de *Cop* ou *Kop*. En latin, *cupa* ; en français, *une coupe* ; en allemand, *kufe* ; en danois, *kuf* ; en polonais, *cuva*.

· (*Fol.* 11) A la fin du XVIᵉ siècle, vers 1588, le *Daeldre*, *Daalder* ou *Daaler* proprement dit, valait 3 escalins, 4 deniers de gros. Il y avait en outre, un *Staeten daeldre*, de la valeur de 40 sols (stuivers) ; un autre, appelé le *Philippus daeldre* valant 8 escalins, 4 deniers de gros, soit cinq livres parisis. Le *Cruisdalder*, 46 escalins parisis, soit 4 livres, 6 escalins parisis. Nous ne savons si le *Dicken daeldere* était un des Daeldere ci-dessus nommés, ou s'il formait une catégorie nouvelle. A la même époque, nous voyons le *Hollandsche daelder*, pièce de 30 sols, monnaie hollandaise ; le *Rijklsdaelder* (Daeldre impérial), appelé vulgairement une risdale, un écu, un patacon, pièce de cinquante sous. En 1567, il y eut un mandement du roi Philippe II et de la régente Marguerite, prescrivant que, vu la faiblesse de leur valeur intrinsèque, les nouveaux florins d'or et les daelers d'Allemagne, ne devront être reçus à l'avenir qu'après que le poids en aura été vérifié et trouvé équivalent à celui des florins et des dalers de Bourgogne ; qu'en outre il sera fabriqué un nouveau florin d'or et un daler d'argent, conformes en poids et aloi à ceux d'Allemagne, et que le titre et l'alliage y seront spécifiés. (Chambre des comptes de Lille. B. 2586, Inventaire sommaire, tome v, p. 229).

Le *Ducat* valait 6 livres 10 escalins parisis et le *Teston*, ainsi appelé à cause de la tête représentée en effigie, valait 30 escalins parisis. Cette ancienne monnaie d'argent se fabriquait en beaucoup de pays et particulièrement en France, où, dès le début (1513), elle valait 10 sols ; peu après, sa valeur augmenta et s'éleva même jusqu'à 19 sols, à peu près le tiers d'un écu de soixante sols, argent de France.

(*Fol.* 111). *Leauwe* pour Leeuwe. *Nummus leonis effigiæ* (Kiliaen). Vers la fin du XVᵉ siècle, *den lauwe* valait 5 escalins, 2 deniers de gros. Il y avait aussi *den Gouden leeuw*, monnaie d'or de la valeur de 15 escalins de gros. En

Hollande, il y avait le *Leeuwe daeldre,* écu marqué au lion valant 42 sous, monnaie hollandaise.

(*Fol.* III). Une couronne d'or, monnaie française émise pour la première fois en 1339; elle valait alors 40 sols d'argent.

(*Fol.* III). Haringhe sur l'Yser, village de la Flandre occidentale (Belgique), connu dès 899 sous le nom de *Heringa,* actuellement Rousbrugghe-Haringhe.

(*Fol.* IV). Parmi les dévotions les plus chères aux habitants de la Flandre Maritime, nous devons surtout signaler celle dont fut longtemps honoré St Corneille ou Cornil, pape et martyr. Il avait pour clients tout particuliers les convulsionnaires, les épileptiques et les femmes mariées qui se trouvaient dans une position intéressante. De nombreux sanctuaires avaient été érigés en son honneur, mais les pélerins fréquentaient de préférence ceux de Quaedypre, Drincham, Rosendael, Hazebrouck, et surtout l'église d'Adinkerke, dans la Flandre Occidentale, où l'office du saint se célébrait avec octave, à partir du 16 Septembre, veille de sa fête. N'oublions pas de remarquer en passant la singulière coutume d'offrir au sanctuaire, une quantité de lin, de blé, d'orge ou de seigle, égale au poids des enfants épileptiques, dont on venait demander la guérison ; une balance établie sur place servait à faire la *contre-pesée* de l'offrande et du sujet malade. *Daerenboven dat in de zelste kerke jaerlijks opgeoffert woorden, ten profyte van de capelle van den voornoemden heligen, diversche kinegen, mitsgaders vlas ende terwe, in t'opwegen in de schale jegens de kinderen die besmet zyn met de wallende zickten.* Cette pratique fut abolie en 1743. (Voir St Gilles, sa vie, ses reliques et son culte en Belgique et dans le Nord de la France, par M. le chanoine E. Rembry, Bruges 1882, tome II, p. 636 6,2.) Le pélerinage à St Cornil ou Corneille, dont parle ici Nicolas van Pradelles, était celui, qui, dès les temps les plus reculés, avait lieu au village de Westvleteren, village important à peu de distance d'Haringhe et situé près du ruisseau. La Flêtre qui va se jeter dans l'Yser. Le nom de

Fletrinium, plus tard Flêtre, se rencontre, de bonne heure, dans les anciens documents ; une charte du *Chartularium Sithiense* relate, au commencement du IXe siècle, la vente d'une maison et de dix bonniers de terre situés en cet endroit « Ego Herlharius tradidi, hoc est, mansum unum *in loco nuncupato Fletrinio in pago Isertico.* » Le nom de *Fletrinium* se transforma en celui de Fleternes, car nous voyons dans *Mirœus* : opera diplomatica, tome II, page 1137, le comte Robert le Frison, en 1085, fonder à Cassel un chapitre de chanoines « *In loco qui dicitur Cassel, in pago Mempisco, ad honorem Omnipotentis Dei quamdam fundavi ecclesiam.... prefate ecclesie et fratribus mee proprietatis hec concedo et perenniter ab eis possideri decerno..... curtim in ea villa que Fleterna vocatur in castellatura Furnensi.»* Le pays des Menapiens se divisait en deux parties, l'une septentrionale, entre l'Escaut et la Meuse ; l'autre méridionale, bornée au N. par l'Océan ; à l'E., par l'Escaut et le diocèse de Cambrai ; à l'O. par le diocèse de Thérouanne, c'est-à-dire depuis Nieuport jusque Warneton sur la Lys ; et au S., par le diocèse d'Arras. Cette ferme donnée par le comte Robert constitua l'importante seigneurie de Berkin, sise à Westvleteren, qui appartint au chapitre de St Pierre de Cassel jusqu'à la fin du siècle dernier.

(*Fol.* v). *Eenen gouden leeuw ende een steeck van IIII s. p.*, il faut lire : un lion d'or plus quatre escalins parisis.

(*Fol.* v). *Bedeeck*, imparfait du verbe flamand *bedygen*: gagner en embonpoint. Dans ce passage, *bedygen* a conservé sa signification primitive de *woorden* : devenir. Pour ce motif la traduction doit être : Gillose s'étant trouvée indisposée, chemin faisant.

(*Fol.* vi). *Coppe-tasse*, synonyme de *drinck-kop*, *drinckschaal*, coupe ou tasse à boire.

(*Fol.* vi). *Joos, Josse* ou Joseph van Pradelles, fils de Nicolas et de Marguerite Courtois, né à Hazebrouck, le 9 Décembre 1540, y décédé, célibataire en 1612, greffier de la ville et de la vierschaere d'Hazebrouck, dont la juridiction s'étendait sur Hazebrouck, Hondeghem et Walloncappel, ou Waelscappel. Ce tribunal se composait de neuf échevins, dont six étaient choisis dans la paroisse d'Hazebrouck, deux dans la paroisse d'Hondeghem et le neuvième dans celle de Walloncappel.

(*Fol.* vii). Henriette Winneels, fille de Jean, écuyer, et de Jacqueline De Rycke, épousa Louis van Pradelles né à Hazebrouck, le 8 Décembre 1541, fils de Nicolas et de Marguerite Courtois. De ce mariage, naquirent : 1º Jean, décédé célibataire, le 13 Novembre 1596. 2º Victorine, qui épousa à Bergues, le 23 Septembre 1598, Gilles Hazebart, écuyer, fils de Gilles et de Madeleine Dubois; elle eut deux enfants : Antoine Hazebart, décédé célibataire à Gand ou Bruxelles, et Madeleine, qui épousa maître Roger de Baes, licencié ès-lois.

(*Fol.* vii). François van Pradelles, parrain de l'enfant, était né à Hazebrouck ; le 14 Janvier 1543, il épousa : 1º En 1570, Jeanne Baert, décédée sans postérité, à Hazebrouck, le 23 Février 1591, et 2º en 1592, Catherine Kyndt, fille de Nicolas, conseiller de sa Majesté Catholique, et de Catherine Lamzaem, décédée à Bailleul, le 17 Septembre 1628. Il eut de ce mariage : 1º Martine, décédée à Bailleul, le 24 Juillet 1637. 2º Marie, décédée le 17 Septembre 1638, à Bailleul, où elle avait épousé le 12 Mai 1612, François Prum, greffier de la garde orphene à Ypres. 3º Louis, né à Hazebrouck, le 7 Juillet 1596, seigneur de Rubrouck, (fief d'un foncier de seize mesures situées dans l'Oosthouck de l'ambacht de Bailleul et relevant de la seigneurie de Bellequint). Il avait acquis ce fief du seigneur d'Oudenhove et en avait été adhérité le 10 Mai 1634; il mourut célibataire, le 13 Juin 1642. 4º Elisabeth, née à Hazebrouck, le 29 Juillet 1595, décédée célibataire. 5º François, décédé célibataire et 6º Marguerite, née à Hazebrouck, le 11 Juin 1605, mariée à Bailleul, le 17 Juillet 1647, à Pierre de Mandole, écuyer, lieutenant au service du roi d'Espagne et décédé bourgeois de Nieuport, à Bailleul, le 27 Février 1690

(*Fol.* vii). *Bier-croes*, mot composé de *bier*, bière, *croes*, gobelet, vase, scyphus ; vase à boire de la bière. On dit : *eenen kroes in t'ronde drinken :* boire un coup à la ronde.

(*Fol.* vii). C'est avec plaisir que nous saisissons ici l'occasion de rectifier une erreur, assez généralement répandue, touchant ces vieilles bandes wallonnes, dont Bossuet a si dignement redit l'héroïsme et la défaite dans les plaines de Lens. Trompés par le nom allemand ou italien que portait le plus grand nombre des officiers commandant ces troupes, beaucoup d'écrivains ont cru que cette redoutable infanterie ne comptait que des hommes recrutés au-delà du Rhin et des Alpes. C'est une erreur qu'ils auraient facilement évitée, si, après avoir constaté le tort qu'avait eu Charles le Téméraire de négliger des auxiliaires tels que ces recrues de Flandre et de Brabant, ils avaient eu soin de remarquer avec quel empressement intelligent, l'archiduc Maximilien d'Autriche et surtout l'empereur Charles-Quint s'étaient appliqués à composer leur infanterie de ces terribles Wallons, Brabançons et Flamands, qui se battaient comme des lions, et qui, vainqueurs sur tous les champs de bataille de l'Europe, ne connurent la défaite que le jour où le héros de Lens sut, grâce à la *furia francese*, « enfoncer leurs gros bataillons et les forcer à demander quartier. » Les archives du Nord abondent en renseignements sur ces bandes d'ordonnance dans lesquelles entraient également des gentilshommes et des gens de service originaires de Flandre, Brabant, et autres provinces des Pays-Bas (Voir les no 1792, année 1561 ; no 1763, année 1552 ; no 1766, année 1555 ; no 1769 année 1558 et no 1772, année 1560, de la série B, Archives départementales du Nord).

(*Fol.* x). Vlies : toison. *Het gulde vlies,* la toison d'or, par métonymie, un mouton, *agnel, agnelet,* monnaie d'or française, portant en effigie, un agneau avec une croix. Au sujet de cette monnaie, voir Duyts: Notice sur les anciennes monnaies des comtes de Flandre, description du mouton d'or, *vlaemsche moutoen,* de Louis de Male, pages 19 et 61. Ghesquière : Histoire monétaire des Pays-Bas, p.p. 123 et suivantes. Despars : Chronicke van Vlaenderen, tome III, p. 114, donne la série monétaire de Louis de Male, mais ne parle pas du mouton d'or, il cite cependant le *Vlaemsche Angheloote*, et il est très probable que Angheloot n'est qu'une corruption du mot *Agnel*. Voir aussi Ducange, art. *Moneta*. Il y eut une monnaie appelée *Toison d'or*. Par une ordonnance en date du 8 Février 1499, le duc Philippe fit frapper une monnaie d'or de ce nom. M. Heylen (Mémoire sur les monnaies, p. 56), dit que, dès 1496, on s'en servait en Flandre. Sous le règne de Philippe le Beau, il y eut des deniers d'or dits: Toison d'or. (Notices et extraits des manuscrits de la bibliothèque de Bourgogne, p. 108, voir aussi M. le baron de Reiffenbergh : Histoire de la Toison d'or, introduction, p. xxviii.)

(*Fol.* x). L'abbaye de Ravensberghe s'appelait aussi l'abbaye d'Outhof, du nom même de la terre sur laquelle se trouvait établi ce monastère ; c'était une maison de femmes de l'ordre de Citeaux, située dans la chatellenie de Bourbourg, non loin du village de Merckeghem. Elle fut fondée à la fin du XIIᵉ ou au commencement du XIIIᵉ siècle par Christine, dame de Ravensberghe (*Gallia Christiana*, tome iii, instrumenta col. 123, nᵒ xxiv).

. (*Folio* xiii). Pour compléter ces détails sur l'économie publique, on peut consulter les intéressantes notes publiées par M. le baron de Reiffenbergh, sur le prix des denrées à Louvain, au XIVᵉ et XVᵉ siècle, (Messager des sciences et des arts, Gand 1840, page 11) auxquelles nous ajouterons un curieux renseignement puisé dans De Meestere : Historia episcopatus Iprensis. Bruges 1851, fol. 77. En parlant de la misère qui régnait en 1574, dans la Flandre Maritime, voici la remarque et la réflexion que fait cet écrivain : « *Hoc anno iterum sensêre populi annonæ caritatem. Ad festum Bavonis veniebat vacca impinguata undecim libris Flandrensibus, bos vero 15 vel 16 libris, porcus quatuor vel sex libris, par calceorum virilium 30 vel 32 assibus, vinum quoque carioris erat precii. Nusquam nisi afflictio et miseria erat inter pauperes et inopes.* »

Quant à ceux qui désirent de plus amples renseignements sur la valeur de la monnaie ayant cours en ce pays à l'époque qui nous occupe, nous essaierons de les satisfaire en leur rappelant que l'ancienne monnaie de Flandre se divisait :. 1º en florin (*Gulden*) ou livre tournois. 2º en livre de gros, monnaie de Flandre (*pond grooten Vlaemsch*) et 3º en livre parisis (*pond Parisis*). 1º Le *florin* valait vingt sols (*stuivers*) de Flandre ou de Brabant, ou quarante gros de Flandre. Le sol valait deux gros de Flandre (*groot Vlaemsch*). Le gros de Flandre valait deux liards (*oortkens*). 2º La *livre de gros*, alias de Flandre, valait six florins. Le sol valait vingt escalins de gros (*schellingen grooten*) et l'escalin de gros valait à son tour, douze deniers de gros (*deniers of penningen*). 3º La *Livre Parisis* valait un demi florin et se subdivisait en 20 escalins de gros (*schelen, schelingen grooten*). L'escalin à son tour se décomposait en 12 deniers parisis. Six deniers formaient un liard, environ of,0227 de notre monnaie. Le denier se subdivisait en 2 myten ; le *myte* représentait la 12e partie du liard. Une pièce de billon nommée *Vyf grooten* ou *vyf grootenaers*, très répandue en Flandre ne fut retirée de la circulation qu'en 1815: elle valait 0,23 centimes, le quart environ de la livre parisis. La livre de gros, monnaie de Flandre, (*een pond grooten Vlaemsche munte*) valait à peu près six ducats de Hollande. La livre parisisis (*een pond parisis*) ne valait que dix sous, argent courant de Flandre. La valeur de la monnaie a varié fréquemment ; c'est ainsi, par exemple, que la Livre parisis valait en 1433, 3f61c; en 1466, 3f15c; en 1478, 2f69c; en 1551, 2f01c; en 1575, 1f50c; en 1581, 1f28c. (Voir à ce sujet, les savantes recherches de M. Chalon, Président de la Société de numismatique belge).

(*Fol.* xv). C'est au mois de Juin 1562, que la Réforme fit sa première apparition dans la West-Flandre, lorsque le fameux dogmatiseur, Ghislain van Damme, vint prêcher « dans la cimentière de Boeschepe » (Hist. des Gueux des bois, par Ch. Wynckius, prieur des Dominicains à Ypres, publiée par M. l'abbé van de Putte, p. 2 et 3). La nouvelle doctrine n'eut pas manqué de faire les plus rapides progrès, si elle n'eût été promptement réprimée. Après deux ans de silence et d'abattement, la Réforme releva la tête et l'on vit les Huguenots, disciples de Calvin, se répandre comme un irrésistible torrent à travers les provinces des Pays-Bas,

où tout semblait conspirer pour leur assurer des succès aussi effrayants que faciles. Pénétrés, en effet, des idées nouvelles que leurs relations commerciales avec l'Allemagne protestante n'avaient que trop développées, les Flamands se trouvaient alors travaillés comme par une vague attente, un désir secret d'une révolution religieuse et sociale. La sourde irritation qui régnait alors dans tous les cœurs, se trouva portée à son comble, lorsque l'impopulaire cardinal de Grandvelle fut élevé au siège archiépiscopal de Malines, et surtout lorsque Philippe II renouvela, le 17 Octobre 1565, les anciens édits portés contre les hérétiques ; dès lors rien de moins étonnant, que de voir les Huguenots, grâce à la connivence du peuple, se livrer si longtemps impunément aux plus affreuses dévastations. Si nous en croyons le témoignage des auteurs contemporains, le mois d'Août 1566 fut, pour la Flandre entière, le mois le plus désastreux. (Les Troubles religieux dans la Flandre Maritime, par M. Edmond de Coussemaker, T. II, p. 15). Le mot d'ordre semblait avoir été donné de saccager le même jour les églises et les monastères. On lit dans le *Promptuaire* de Jehan Bellin, que, *le x d'Aoust, la chapelle de St Laurens, près Steenfoort (Steenvoorde) fut saccagée et les ymages brisées et rompues par les hérétiques passants, les excitant à ce faire un apostat prédicant, Augustin de profession, Jacques de Buysere.* Le 13 du même mois, ils saccagèrent l'église de Bailleul et l'ancien couvent de St-Antoine qui servait de refuge aux moines bénédictins de St Jean-au-Mont de Thérouanne. Les sectaires, au nombre de 5 à 600, ayant à leur tête, Jacques de Buysere, forcèrent l'abbé Jean Faschyn et son coadjuteur, Jean van der Heyden (alias à Myrica) à prendre la fuite, ils supprimèrent le service divin et y substituèrent, pendant quelque temps, l'enseignement public de l'hérésie. (Historie van t'oude clooster, cappelle ende bedewaert van den heyligen Antonius, eremyt, eertyds opgherect nefvens de stede van Belle in Vlaenderen door den R. P. Reynier). A la même date, furent pillées les églises de Millam, de Buysscheure, de Volkerinchove, de Rubrouck, de Lederzeele, de Merckeghem, les abbayes de Clairmarais et de Ravensberghe, le couvent de Noordpeene, etc. Jacques de Buysere, moine apostat,

du couvent des Augustins d'Ypres, natif d'Hondeghem, se fit ministre de la religion nouvelle à Sandwich (Angleterre); prit une part active dans les troubles religieux de la Flandre, présida au pillage du couvent de St-Laurent, à Steenworde et autres monastères, et tint de nombreux prêches dans les chatellenies de Bailleul et de Cassel. Après la défaite des Réformés à Wattrelos, il se rendit à Amsterdam et de là en Angleterre (Les Troubles religieux dans la Flandre Maritime, tome 1, p. 53). Jacques de Buysere fut banni dans les Pays-Bas et ses biens confisqués. (même ouvrage, tome 1, pp. 292 et 320). Sa femme fut, par sentence du Conseil des troubles en date du 18 Mai 1568, condamnée au bannissement perpétuel et à la confiscation de tous ses biens (même ouvrage, tome iv, p. 236). Elle s'appelait vraisemblablement Catherine de Raedt, originaire de Neuve-Eglise (Fl. Occ., Belgique) et veuve en première noce de Pierre Baen. Jacques de Buysere eut un fils auquel il donna le nom de Gerson (même ouvrage, tome 1, p. 53).

(Fol. xvi). Le 26 Juillet 1582, les troupes françaises grossies d'une partie de celles des Etats, de quelques reîtres et de 400 cavaliers, pillent la ville d'Hondschote. Le 30 du même mois, les Français qui faisaient partie des troupes du duc d'Alençon, saccagent et brûlent non seulement Hondschote, mais tout le pays environnant; ils étendent leurs déprédations et leurs ravages dans toute la contrée « à tel point que le spectacle était navrant » (Nederlansche historie de van Hermelghem, p. 204). C'est probablement à ces mêmes troupes qu'il faut attribuer l'incendie et le pillage de la ville d'Hazebrouck dont parle ici Nicolas van Pradelles.

(Fol. xvii). Thérouanne, capitale de l'ancienne contrée des Morins, est aujourd'hui une petite commune du Pas-de-Calais, arrondissement de St-Omer, à 14 kil. de cette ville. Son origine remonte aux temps les plus reculés. Dans l'Itinéraire, faussement attribué, par plusieurs à Antonin; par d'autres, à Marc-Aurèle, mais dont quelques-uns fixent la date à l'époque de Caracalla, vers l'an 337, on la trouve citée, comme étant située dans la Gaule-Belgique et sur la voie romaine qui allait de Boulogne à Bavai: *Iter a Portu Gessoriacensi Bajacum usque Teruenna*. En remontant plus haut encore, nous voyons Ptolémée qui naquit vers le commencement du second siècle de l'ère chrétienne, faire mention de cette ville au livre II, ch. III de sa Géographie, et l'appeler Ταρουαννα (Voir le *Theatri geographiæ veteris*, tom. I, pag. 53, publié par Curtius. Amsterdam, 1618.— gr. in-f° grec-latin). Détruite par les Nortmands en 879 (Bibliothèque de la ville de Douai, manuscrit n° 753, fol. 122 verso), cette ville fut abandonnée pendant plus d'un siècle par les évêques qui établirent leur siège à Boulogne, et qui ne retournèrent à Thérouanne que vers la fin du X° siècle. Ce diocèse, qui reconnaissait Saint-Omer pour son premier évêque, comprenait plus de 800 paroisses, divisées en vingt-cinq décanats relevant des archidiaconés de Boulogne, de St-Omer et d'Ypres. L'évêché disparut en 1553, lorsque Charles-Quint détruisit de fond en comble la malheureuse cité des antiques Morins.

DeLetI MorInI
prIDIe BarthoLoMeI (10 Juin).

L'ancien diocèse de Thérouanne forma les trois nouveaux évêchés de Boulogne, d'Ypres et de St-Omer.

(*Fol.* XVIII) La peste s'étant montrée sous les aspects les plus divers, il serait bien difficile de préciser de quelle nature était celle dont il est ici fait mention. Quoi qu'il en soit, voici, d'après nos vieux chroniqueurs, les mesures de sage précaution qu'on se hâtait de prendre, pour arrêter autant que possible la marche et l'extension du terrible fléau. A sa première apparition, les autorités locales s'empressaient d'interdire tout accès avec la maison contaminée, et en faisaient immédiatement sortir, pour les enfermer à l'écart et loin de toute habitation, les malheureux pestiférés dont on brûlait au plus vite les vêtements et la literie. Si ces infortunés avaient le bonheur de guérir, ils devaient, en quittant le lieu de leur séquestration, et durant tout le temps de leur convalescence, porter à la main une verge blanche, afin de prévenir les passants d'avoir à s'éloigner, et d'éviter ainsi leur funeste rencontre.

Les religieux qui soignaient les pestiférés portaient pour insigne un bâton rouge, appelé pour ce motif *peste-stock* (bâton de peste). C'est pour cette raison aussi que l'inspecteur des pestiférés était, dans bien des villes flamandes, qualifié du titre de *Roode-meestre*, ou chef de ceux qui portent le bâton rouge. Lorsque cette terrible maladie sévissait, ou que l'on craignait son apparition, on avait recours aux saints patrons : à Dunkerque, on accourait en foule à l'église du collège des Jésuites, pour y adresser des prières à Ste Rosalie ; à Bergues on implorait la Ste Vierge ; à Bailleul, on invoquait St Antoine, ermite ; certaines villes telles qu'Hazebrouck, Cassel et bien d'autres, se mettaient sous la protection de St Roch. La peste fit de fréquentes apparitions dans la Flandre Maritime, en 1512, à Bergues ; en 1625 et 1626, à Cassel ; en 1633, à Dunkerque (Histoire de Dunkerque par Faulconnier, p. 135); en 1635, dans la vallée de l'Yser ; en 1637, à Hazebrouck, etc. En 1637 et 1638, plus de 1150 personnes moururent de la peste noire dans la paroisse d'Hondeghem, les habitants eurent recours à la protection de St Bonaventure, ainsi que l'avaient fait ceux de Lyon en 1628, lorsque ce terrible fléau s'abattit sur cette ville et le reste de la France (Histoire de St Bonaventure par M. l'abbé Berthaumier et Annales du Comité flamand de France, tome xv, p. 340). Un manuscrit de la bibliothèque de Francfort (nº 71) nous a conservé les diverses prières qu'on ajoutait, en temps de peste, à l'office ordinaire de la messe, à la Collecte, ainsi qu'à la Secrète ; où le prêtre suppliait le Seigneur d'avoir pitié de son peuple et de vouloir bien en éloigner les fléaux de sa colère, dont la peste était le si terrible instrument. On trouve même dans le Missel Romain, une messe particulière au temps de mortalité.

(*Fol.* xxii). Nicolas van Pradelles (père de Nicolas, auteur du présent livre de raison) était fils de Jacques et de Guillemette Maes de Palmart, décédé à Hazebrouck, le 2 Octobre 1558 et enterré dans l'église paroissiale de cette ville. Il avait d'abord épousé le 24 Janvier 1530, Marguerite de Bacquere, fille de Jean, écuyer, et s'était remarié à Marguerite Courtois, fille de Nicolas et de Pétronille de Noortover, décédée à Hazebrouck le 18 Juillet 1558.

(*Fol.* xxii). Thierri van Pradelles, né à Hazebrouck le 31 Janvier 1531, greffier de la ville d'Hazebrouck, épousa Anne de Condettes, originaire de Cassel (Nord). Réfugié en l'abbaye de Ham, pour échapper aux troubles qui désolaient alors le pays de Flandre, il y mourut le 25 Juin 1583, entre les bras de l'ancien abbé, Dom Jean van Pradelles, son oncle, et du nouvel abbé, Dom Robert d'Audrehem, son cousin germain, en faveur duquel le premier avait résigné sa noble charge. Il fut enterré dans l'église abbatiale et on lui fit une épitaphe gravée sur une plaque de marbre blanc, que l'on scella au mur. Marie van Pradelles, sa fille, épousa Jean Garbe, bailli de la paroisse et baronnie d'Haveskerque.

(*Fol.* xxii). Louis van Pradelles, né à Hazebrouck, le 8 Décembre 1541, épousa Henriette Winneel, ou Winnels, fille de Jean, écuyer, et de Jacqueline de Rycke. Ils eurent de ce mariage : 1º Jean van Pradelles, décédé célibataire, le 13 Novembre 1596 et 2º Victorine van Pradelles, qui épousa à Bergues, le 23 Septembre 1598, Gilles Hazebaert, écuyer, fils de Gilles et de Madeleine du Bois. De cette union naquirent : Antoine Hazebaert, décédé célibataire à Gand ou Bruxelles, et Madeleine Hazebaert, qui épousa Sieur et Maître Roger de Baes, licencié ès-lois (*voir fol.* vii).

(*Fol.* xxiv). Thierri van Pradelles, fils de Jacques et de Françoise Courtois, épousa Marie van Bremeersch, fille de Mathieu. De ce mariage naquirent : 1º Nicolas, décédé célibataire. 2º Claire, épouse de Jean Ruckebusch. 3º Jacques, né en 1594. décédé célibataire. 4º Louis, né en 1594, et décédé en bas âge. 5º François, né en 1599. expatrié. 6º Marie, épouse de Pierre Lozis, dont elle eut une fille nommée Marie, laquelle épousa Robert Cleenewerck. 7º Thierri, décédé à Renescure. 8º Jeanne, née en 1605 et restée célibataire; 9º Jean, qui vivait encore en 1675.

(*Fol.* xxiv). Claire van Pradelles épousa Jacques Laureyns, seigneur de Walckhof (Faulquencourt, en français,

en Hondeghem) fils de Michel et de Marie van Cappel
fille de Simon, écuyer, et de Marguerite de Rabuck, dite
de Lens. De ce mariage, naquit une fille, Martine Laureyns,
laquelle épousa : 1º à Bailleul, le 22 Novembre 1613,
Antoine de Haze, écuyer, fils de Me Jean, conseiller de Leurs
Altesses, Albert et Isabelle, receveur de Cassel et du bois
de Nieppe, et de Marie Baert 2º Eustache Blomme, écuyer,
fils de Charles, écuyer, et de Catherine de Bacquere, décédé
à Loo, près Furnes, le 19 Octobre 1628. Il avait épousé
en premières noces, Jeanne de Reil, fille de François,
écuyer.

(*Fol.* xxv). Guillemine van Pradelles, décédée en 1598,
fille de Nicolas et de Marguerite de Bacquere, avait épousé
Pierre de Deckere, devenu greffier de la Vierschaere royale
d'Hazebrouck, après la mort de son beau-frère, Jean van
Pradelles, décédé célibataire. Elle eut trois enfants : 1º Françoise de Deckere, laquelle épousa Baudouin Tassel, veuf
de Franchine Leuwers Ce Baudouin était fils de Baudouin
Tassel, bourgeois d'Ypres demeurant à Hazebrouck. De ce
mariage, naquirent : 1º Guillemette Tassel, religieuse au
couvent des pauvres Clarisses à St-Omer, sous le nom de
sœur Madeleine. 2º Catherine Tassel, morte de la peste à
Hazebrouck, le 30 Octobre 1637, mariée le 28 Octobre 1602,
à Charles Top lequel était fils de Guillaume, avoué (bourg-
mestre) d'Hazebrouck et de Jacquemine de Pours, et
mourut également de la peste à Hazebrouck, le 2 Novembre
1637. — 2º Catherine de Deckere, décédée à Hazebrouck,
en 1594, mariée en Octobre 1574, à Jean Waels, fils de
Jean et d'Anne Courtois, fille de Nicolas, écuyer, et de
Pétronille de Noortover, lequel mourut à Hazebrouck, le
2 Juillet 1626, et 3º Jean de Deckere, jésuite, né à Hazebrouck vers 1557. Ce dernier, après avoir suivi à Douai,
sous Léonard de Leys, le cours de théologie, fut admis
dans la société de Jésus, fit son noviciat à Naples et y
termina ses études théologiques. De retour à Rome, il fut
reçu dans les ordres et ne tarda pas à revenir dans les
Pays-Bas, pour aller enseigner à Douai, la philosophie et
la théologie scholastique. Il professait cette dernière à
Louvain, lorsqu'il partit pour Gratz en Styrie, où bientôt il

fut nommé chancelier de l'université de cette ville, et enfin recteur du collège d'Olmutz en Moravie. En parlant de l'éloquence et de la profonde érudition de ce père, Alegambe dit ces paroles remarquables: « Sacrarum litterarum et theologiæ, omnigenæ conditiònis atque eloquentiæ nomine clarissimus. » Mais tous ces avantages n'étaient rien en comparaison des grâces extraordinaires dont le Seigneur l'avait favorisé. En regardant ce père, on croyait voir la modestie et la charité personnifiées. Dès son entrée en religion, le Seigneur lui accorda le don des larmes et l'amour divin embrasait tellement son cœur pendant ses oraisons, que ne pouvant en contenir les flammes, il était obligé de s'épancher en soupirs et en gémissements. Quoiqu'il fut continuellement occupé à étudier ou à composer sur des matières difficiles, sèches et arides par elles-mêmes, cette dévotion sensible et tendre n'éprouva aucune altération durant les quarante années qu'il vécut dans la Compagnie. Elle avait sa source dans le St-Sacrement. Il le visitait fréquemment et préférait célébrer la sainte messe au maître-autel à cause de la présence réelle de N.-S. dans le tabernacle. Le Père Deckere fut un religieux d'une humilité profonde, d'une obéissance parfaite, d'une régularité exemplaire et d'une mortification telle, qu'il lui arrivait de passer plusieurs journées sans prendre de nourriture. Lorsque dans sa dernière maladie, il reçut les sacrements de l'église, il adressa souvent à N.-S. cette prière : « *Veni, Domine Jesu, veni.* » Il expira après avoir ajouté cette autre parole : « *venio* » comme si N.-S. exauçant sa prière l'eut appelé à Lui. Il mourut à Gratz le 10 Janvier 1619, le 59e de son âge et le 41e de son entrée en religion. Le P. Deckere fut, à tous égards, un homme véritablement recommandable par son génie et ses connaissances universelles ; très versé dans l'histoire ecclésiastique, il se distingua principalement dans la science chronologique. Il a écrit:

Exercitium Christianæ pietatis.

Oratio panegyrica in exequiis Serenissimæ Mariæ Annæ archiducis Austriæ, uxoris Ferdinandi II. Græcii dicta, anno salutis 1616, in- 4°.

Velificatio seu theoremata (Recherche ou propositions développées) *de anno ortus ac mortis Domini, deque universa Jesu Christi in carne œconomia ; proposita a Laurentio Suslygs, sub Joannis Deckerii præsidio in disputationem adducta.* Et comme complément : *Tabula chronographica a capta per Pompeium Jerosolyma ad incussam et deletam a Tito Cæsare urbem ac templum sepultamque ac triumphatam Synagogam.* Gratz apud Georg. Widmanstadius 1606, in 4º.

Notæ et optica thesium.

Ses premiers ouvrages ne furent que des thèses que le P. Deckere fit soutenir à Gratz et qu'il regardait comme les jalons d'un autre grand travail, ayant pour titre : *Theologicarum dissertationum mixtim et chronologicarum in Christi* θεανθρωπου *natalem, seu de primario ac palmari divinæ ac humanæ chronographiæ vinculo, qui est annus ortus ac mortis Domini, atque universa J.-C. œconomia.* (Suite de dissertations, en partie théologiques et chronologiques, sur le jour de la naissance du Christ, homme-Dieu ou du premier et principal enchaînement de la chronologie de l'Incarnation qui repose sur l'époque de la naissance et de la mort du Seigneur). Dans cette œuvre capitale, divisée en trois parties, le P. Deckere place la naissance de Jésus-Christ, l'an de Rome 749, sous le consulat de Caius Cæsar Octavianus (Auguste, consul pour la 12e fois) et Lucius Cornelius Sulla, la 5e année de l'ère vulgaire, comme l'a fait depuis le P. Petau. Ce calcul ne s'accordant pas avec celui du cardinal Baronius, ce dernier maltraita durement l'auteur dont l'opinion n'était pas conforme à la sienne et se persuada que ce nouveau système portait atteinte à l'autorité des pères et de l'Eglise. *(Appendice du tome XII de ses Annales).*

Le savant religieux souffrit, sans murmurer, la suppression de cet ouvrage qui lui avait coûté quarante années de labeur, et que beaucoup d'érudits désiraient voir livrer à l'impression ; il fit plus, car il poussa l'humilité jusqu'à déclarer par écrit qu'il se soumettait entièrement à la volonté de ses supérieurs.

Les universités de Gratz et de Louvain conservent en manuscrits ce curieux ouvrage du savant Père Jésuite, dont la science n'avait d'égal que la modestie.

Parmi les autres ouvrages du P. Deckere il faut citer :

Vindiciæ pontificatus Zachariæ, ejusque in Sancta Sanctorum ingressus XXIV *Septembris, festo expiationis.*

Vindiciæ ortus et obitus Christi Salvatoris.

Diadema Marianum, octo propositionibus, seu stellis, contextum, quibus tota Deipariæ vita elucidatur.

Epilogismus annorum a conditu orbis usque ad Christum, cum notationibus.

Ejusdem epilogismi fusior explicatio.

Tabula expansa Ephemeriarum, ejusque explicatio et usus.

Orationes variæ.

Problemata varia.

Et autres opuscules théologiques, dont quelques-uns traitent des questions de l'Ecriture sainte.

Voir : *Notice sur quelques Jésuites flamands,* par le R. P. Possoz ; *Bulletin du Comité flamand de France,* tome I, p. 165 ; Foppens : *Bibliotheca Belgica,* 1739. Bruxelles, in-4, tome II, p. 626 ; Valére André : *Bibliotheca Belgica,* Louvain, 1623, p. 477, et les RR. PP. de Baecker : *Bibliothèque des écrivains de la Compagnie de Jésus,* verbo Decker.

Le P. Deckere fut, sinon le cousin germain, du moins proche parent, du Père Jean Waels, né à Hazebrouck. A l'âge de 21 ans, ce dernier s'enfuit à Rome, passa quelque temps au Collège Romain avec le bienheureux Louis de Gonzague, et consacra toute sa vie, soit en Pologne, soit en Belgique, au salut des âmes. Admirable dans son amour de la pauvreté et dans son culte pour la Vierge et St Joseph, il mourut à Dunkerque, le 8 Janvier 1628. (*Bibliothèque des écrivains de la Compagnie de Jésus* par les RR. PP. de Baecker, tome III, col. 1465, et le *Nécrologe de la Compagnie de Jésus* (Assistance d'Allemagne) par le P. Guilhermy).

(*Fol.* xxix). Marie-Jacquemine van Pradelles épousa à Boseghem, le 3 Août 1511, Charles van Hondeghem, dit de Quienville, fils de Guillaume, gouverneur ou grand bailli de Tenremonde et de Pierotte de la Viefville. C'est ce même Charles van Hondeghem, lieutenant de cavalerie qui fut tué le 1er Juin 1553, dans l'engagement de Varmes, en allant au secours de Thérouanne, où il fut inhumé ainsi que son épouse. De ce mariage naquirent : 1º Jean van Hondeghem, qui épousa sa cousine germaine, Marie van Hondeghem, fille d'Antoine et de Jacquemine van Strazeele. 2º Laurent van Hondeghem, grand bailli de Flandre. 3º Jeanne van Hondeghem, mariée à Philippe de Waterleet. 4º Charles van Hondeghem, armé chevalier par Charles-Quint, gouverneur de la ville et vierschaere d'Hazebrouck, seigneur de Catsberg, du chef de sa femme Jossine de Corteville, fille de Vigoureux de Corteville, grand bailli de la ville et chatellenie de Furnes, gouverneur de la ville de Nieuport, et de Cornélie de Wulf, dame de Lynde. De ce mariage sont nés : 1º Charles van Hondeghem, qui épousa N.. Huerlebout dont il eut deux filles, Marie et Jacqueline. 2º Gilles van Hondeghem, bailli de la ville d'Hazebrouck, lequel épousa à Morbecque, le 20 Novembre 1582, Isabelle Kyndt, fille de Nicolas et de Catherine Lansaem. 3º Jacqueline, van Hondeghem, qui épousa Daniel Foossaert. 4º Henri van Hondeghem, religieux à l'abbaye de Ham-lez-Lillers. 5º Anne et 6º Henri van Hondeghem. (*Registres généalogiques* de Mᶜ Ghislain de Poortere, fol. 263 et *Bulletin du Comité flamand de France*, tome IV, p. 297). L'auteur, pour compléter ses renseignements généalogiques sur cette noble famille, a oublié de mentionner, parmi les enfants de Jean van Pradelles et de Guillemine Maes : 1º Jacques van Pradelles, décédé curé de Lynde en 1556. 2º Marguerite van Pradelles qui épousa : 1º Jean de St-Omer, dit de Walloncappel et 2º Thierri de Corteville, seigneur de Catsberg, Eeckebecque, bailli de Steenworde; fils de Thierri, chevalier, seigneur de Catsberg, Oudenhove, et de Marie Alevisch. Par acte du 13 Février 1545, Adrien Loisier, receveur de Warneton, fut autorisé à vendre au profit de Dieric (Thierri) de Corteville, bailli de Steenworde, un fief vicomtier appelé la seigneurie d'Eeckebecque, comprenant des rentes d'avoine, de deniers et de chapons, assignées sur 72 mesures de terre, plus une rente de 52 sols parisis assignée sur plusieurs terres et maisons sises à Steenworde et à Eecke (*Chambre des Comptes de Lille*, original sur parchemin scellé). Marguerite van Pradelles mourut sans postérité. Thierri de Cortewille épousa en secondes noces, Françoise Ryel, fille de Jean et de Madeleine de Cortewille.

(*Fol.* xxxi). Jean d'Audrechem (fils de Robert et de Nicaise van Pradelles) fut archer de la reine de Hongrie, gouvernante des Pays-Bas. Il épousa en premières noces, Jeanne de la Folie, dont il eut une fille, nommée Marguerite, laquelle épousa Pierre Moucheron, de Furnes. Il épousa, en secondes noces, Marie de la Broye et enfin Isabelle de Belleforière.

(*Fol.* xxxiii). Jacquemine Lamoot, demi sœur de Catherine, épousa Jean Heneman, bourgeois d'Ypres, décédé à Eecke, le 2 Mars 1568; elle était elle-même bourgeoise d'Ypres et mourut le 15 Juillet 1569.

(*Fol.* xxxiii). La ville d'Ypres, occupée par surprise par les troupes de Ryhove (20 juillet 1578), embrassa la cause de la Réforme, se fit admettre dans l'Union d'Utrecht (Juillet 1579) et resta toujours fidèle au parti des Etats-Généraux. Ypres devint une place importante, la clef du West-quartier. En 1583, Alexandre Farnèse s'étant emparé successivement de Dunkerque, Furnes, Nieuport, Dixmude, Bergues et Menin, comprit qu'il était nécessaire de se rendre maître de cette ville dont la reddition devait entraîner la soumission de toute la Flandre ; mais comme il ne pouvait s'en emparer par un siège régulier, il résolut de la réduire par la famine et chargea Antoine Grenet, seigneur de Werp, de l'investir (Août 1583); après un blocus rigoureux de plus de huit mois, la ville d'Ypres fut forcée de se rendre le 8 Avril 1584.

LILLE. — IMPRIMERIE LEFEBVRE-DUCROCQ

www.ingramcontent.com/pod-product-compliance
Lightning Source LLC
Chambersburg PA
CBHW062026200326
41519CB00017B/4948